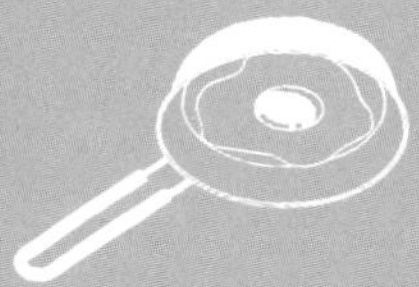

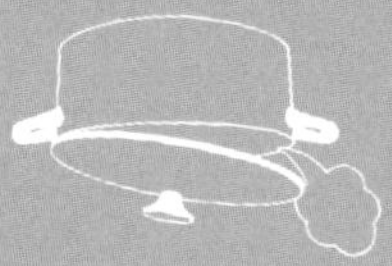

TASTE A philosophy of food

飲食的哲學

餐桌上的感官認知體驗

Sarah E. Worth
莎拉·E·沃斯——著
洪禎璐——編譯

目次

序言：哲學裡的感官世界 7

Chapter 1

品味的好壞 17

喜好與品味 21

美感品味的問題 25

品味的道德性 33

壞品味 41

品酒的藝術 47

Chapter 2
飲食的愉悅感 55
愉悅感的歷史脈絡 57
肉體、心靈與情緒的愉悅 71
食物清教主義 75
身體、動物與健康 84
審美的健康態度 91
濃情巧克力 93

Chapter 3
慢食的品味 99
慢食運動的理念 102
慢食與道德義務 113
風土條件 121
社群 132

Chapter 4
食品假貨與真實性 139
事實、謊言與橄欖油 150
培養品味和知識 157
關於品味的悖論 162
味覺知識 168
橄欖油和詐欺 173

Chapter 5
美食情色圖片與圖像的力量 177
情色圖片、女性與食物 192
食物的美學 200
圖像的哲學 206

Chapter 6
食譜與循規蹈矩 217
柏拉圖與烹飪哲學 220
知識與烹飪 224
當食譜變成規則指南 228
打破規則 236
烹飪書與意識形態 243
烹飪與知識論 250
致謝 255
參考文獻 258
參考書目 277
索引 286

—序言—

哲學裡的感官世界

小時候，我很喜歡吃燕麥圈穀片（Cheerios）。由於我非常挑食，母親便讓我毫無節制地狂吃燕麥圈，這樣一來，我起碼會吃一點東西。有一天，她告訴我，如果我繼續這樣猛吃燕麥圈，就會變成燕麥圈。我立刻停止吃燕麥圈，還做了惡夢，夢見自己變得圓圓的，肚子上有一個大洞，嚇得驚慌失措。我甚至早在六歲時就將「人如其食」這句古老的格言，內化成個人生活態度，覺得該開始認真檢視自己的飲食習慣。從此之後，我一直在思考人們與食物之間的關係。

某種意義上來說，我的飲食仍是一個謎，因為我根本不像自己吃下肚的東西。我吃肉、蔬菜，甚至是燕麥圈，但依舊是個能神奇地產生意識又有身體的人類。我的身軀和所吃下的食物沒有半點相似之處，但那些食物會影響我的情緒、清醒度和活力程度。

我的確在飲食的同時，也將外在世界納入體內。我吃下或攝取了那些不是我的東西，而那些東西又變成了我。

我想藉由這本書來探討人們與食物和品味之間的關係，以及衍生而出的一些疑問。在我看來，攝入外在世界並使之成為自己的一部分，是很不可思議的事。與此同時，身為哲學界的一分子，我不明白為何大多數哲學家完全忽略這方面的人類經驗。

主流西方哲學史承認意識、心智和最抽象的身體概念，卻不承認飢餓、口渴或有口腹之欲的肉體，也從未真正細思品嚐喜歡的食物會帶來什麼樣的體驗。哲學家很早就知道人體需要食物、飲水、睡眠與性行為，但根據歷史悠久的傳統哲學觀點，這些事物都會分散心靈的注意力，讓人們無法理性思考。

另外，哲學界長久以來一直想找出人類與動物有何不同。人們認為，兩者主要的差異在於意識、語言和理性決策，不過還有一些與食物相關的重要區別。比方說，人類是唯一會烹煮食物的物種，只有我們懂得用餐的概念，而不是僅為了生存而進食。許多人際關係都是以採集、耕種、烹飪、分食及評價食物和滋味為基礎，我真的很訝異哲學界沒有花更多時間來思考及探究這個領域。

世界上最早的美食家尚・安瑟姆・布里亞－薩瓦蘭（Jean Anthelme Brillat-Savarin）說：「告訴我你吃什麼，我就能知道你是什麼樣的人。」①薩瓦蘭深切了解個人與其飲食之間的關係。無論是豆子燜飯、鮮蝦玉米粥或牛排佐馬鈴薯，我們所吃的食物都會透露許多訊息，例如我們屬於哪一個社會階層、住在世界的哪個地方、擁有什麼樣的文化背景。除此之外，個人對食物的愛好也深受遺傳因素、地區、宗教和階級的影響。作家亞當・高普尼克（Adam Gopnik）在《吃，為什麼重要？》（*The Table Comes First*）一書中提到，我們並非「人如其食」，「比較貼近事實的說法，應該說『人食其自我』（we eat what we are）：我們在餐桌上的自我，決定了個人的選擇甚至是咀嚼的方式。我們的道德和禮儀，形塑了我們的飲食樣貌。」[②]這種看法進一步拓展了薩瓦蘭的主張，認為人們所相信的一切以及所有的行為方式，都會影響到自身的飲食選擇與習慣。個人的舉止、喜好，甚至是料理能力，皆受其對世界的看法和態度左右。

哲學家路德維希・費爾巴哈（Ludwig Feuerbach）也直言「人如其食」[③]，但他的觀點帶有濃烈的唯物主義色彩，認為飲食會直接影響大腦的健康，進而改變個體的思維能力，以及人們參與經濟活動、民族主義和政治的方式。食物是人們的生活中最重要的經濟商品之一，因此，飲食不僅反映出這類消費選擇，更提供了養分給大腦。費爾巴哈認為，糟糕的食物會導致個體出現負面的想法與感受。

「人如其食」的信念具有強大的力量，當今許多文化都吸納了這樣的概念，相信只要吃下某種動物，就能接收牠們的特性，例如，二〇一四年有一件屠殺老虎的訴訟案，是源於人們認為虎鞭有壯陽的效果而獵殺老虎。[4]我們似乎無法拋下「飲食中的脂肪會讓人發胖」（所謂的「脂質假說」）[5]、「鹽分一定會讓血壓升高」（除非有潛在或特定健康問題）之類的觀念。事實證明，人們並不會擁有自己所吃下的食物之特性，而虎鞭也沒有什麼壯陽的效果。每個人的身體對於鹽、糖、脂肪等食物的反應截然不同，頂多只能大略歸納，無法一概而論。「人如其食」這種說法極度強調個人責任，並且鼓勵我們把那些自認為會影響外觀和感覺的各種食物都妖魔化。

各學派對於自我、社會及個人品味皆有不同的描述，而它們在各自立足的研究觀點上都是正確的。本書的目的在於研究飲食的多種面向（品味、食譜、視覺呈現、真實性、烹飪及其他幾項構成要素），探索人們對這些層面的潛在認知如何影響了特定文化中的飲食體驗。我相信，飲食是人類最根本性的事物之一，我想進一步了解不同的飲食面向如何影響了人們對自己的看法。

哲學這門學科從許多方面來看都帶有分裂的特質，然而，我想談論的是身心之間的對立鴻溝。這種概念最早可以追溯至古代哲學根源，此後哲學家便一直在討論肉體（body）與心靈（mind），彷彿兩者各自分離、截然不同，有時甚至彼此互斥。我們談論得愈多，就愈覺得自我是獨立的實體。心靈（或靈魂，希臘文是psyche）是非物質的短暫存在，具備理性的特質，有些人更認為心靈永垂不朽；肉體則屬於物質與感官世界，很不可靠，甚或被視為心靈的負擔。心靈讓個體擁有思維能力，得以進行道德推理並有所節制；而肉體是消極被動的，其需求和欲望會讓個體分心，無法好好思考。在哲學家的眼中，心靈位處的層次無疑是更高的。

談到感官，許多哲學家關心的是個體對周遭世界的了解有多真確，以及大腦詮釋感官資訊的方式。柏拉圖（Plato）和勒內・笛卡兒（René Descartes）等理性主義者認為，我們只能相信心靈自身悟得的真理；感官在心靈與人們生活的物質世界間，強加了一條不可靠的鴻溝。另一方面，亞里斯多德（Aristotle）、喬治・柏克萊（George Berkeley）、大衛・休姆（David Hume）等經驗主義者則主張，我們可以透過感官來感知物質世界，並從中獲得可靠的知識。

綜觀西方哲學史，理性主義與經驗主義之間的論戰未曾間斷。雙方在每個時代的爭辯重點都不相同，而各時期的主流科學和宗教信仰也改變了許多關於人類經驗的基本信念。然而，哲學史上，有很長一段時間都圍繞著一個根本的問題打轉：「感官是如何運作及提供知識的？」即便感官本身在哲學家喜歡談論的知識類別中算是次要的。部分哲學家在討論「知覺」（perception，又稱感知）時，完全不提感官，只談了外在世界和心靈，忽略了感官現實。許多人都認為知識只存在於心靈，但事實上，感官是心靈與世界之間不可或缺的協調者。少了感官的輸入，心靈就沒有可以思忖的事物。

人們對感官的了解，大多落在所謂的知覺哲學或「知覺問題」範疇。視覺是知覺研究的重點，許多哲學家提到知覺時，大部分都是指視覺。然而，各個感官系統時時刻刻都在提供資訊，而且這些感官輸入讓人體功能得以正常運作。感官的重要性有高低之別，端視其傳達知識的可靠度而定。視覺通常是其中的冠軍，以致其他感官經常被稱為「非視覺感官」。柏拉圖和亞里斯多德率先將視覺當作理解與智性的象徵，因為眼睛位於前額，在頭部上方，代表了人類最主要的核心。聽覺落後於視覺，重要性位居第二，嗅覺、味覺與觸覺則並列最後，而後面三者的排序取決於它們與肉體的關係密切程度。

視覺和聽覺又稱「遠端感官」（distal senses），因為它們獲取資訊的方式並不依附於肉體本身。眼睛仍是身體的一部分，但在獲取資訊時無須與資訊來源進行實際接觸。視覺和聽覺是個人獲得可靠與客觀知識的主要途徑，因此，當兩人觀看同一個物體時，對該物體的顏色、長度、尺寸等描述，應該相去不遠。聽覺也是如此，兩個位置相近的人會聽見同樣的音調、詞句或音樂。每個人對自己的所見所聞可能會有不同的詮釋，但感官體驗或感官資料是無可否認的事實。對於獲取知識來說，視覺和聽覺非常重要，因此它們又稱為「認知感官」或「智識感官」。

味覺、嗅覺和觸覺等所謂的次級感官，屬於「近端感官」（proximal senses），因為它們必須透過肉體來獲取資訊。視覺需要光，聲音需要空氣分子的振動；觸覺和味覺則需要資訊來源與肉體有直接的接觸，才能產生感覺，而嗅覺通常要靠近到一定的距離才能聞到氣味（但這一點仍有爭議）。由於我們無法確定兩個人的觸覺與味覺體驗是否完全相同，因此，就提供知識來說，這些感官的可靠度較低。在這個層級的感官系統中，味覺通常排在最後面，因為它不僅與肉體密不可分，人們在品嚐過程中更會攝入食物，因此，「探索的對象（客體）」實際上會被品嚐者吃下肚，遭到破壞，卻又與品嚐者合而為一。

次級感官也與痛苦和愉悅息息相關，能夠完全體現這些知覺感受。視覺和聽覺屬於認知層次，一般來說不會像肉體那樣產生愉悅感。欣賞藝術或優美的風景，被認為是刺激認知思考，而非肉體上的愉悅。品嚐喜愛的料理則是令人享受的身體經驗。雖然視覺和聽覺都會帶來認知上的愉悅感，卻不會讓個人渴望沉溺其中，過度放縱。一個人在觀看畫作時，可能會對眼前的作品很感興趣或深受吸引，但不至於無法轉頭移開目光；不過，換成是冰淇淋或性愉悅時，卻可能會造成沉溺的情況。

有趣的是，導致暴飲暴食的罪魁禍首並非味覺、觸覺與嗅覺本身，比較像是肉體無法單憑己力來克制欲望。肉體需要睡眠、性愛和飲食，而人們在缺乏理性思維的情況下，似乎無法進行有意義的自我調節。從感官的排名可以得知，一般認為視覺與聽覺是更重要的，而且比涉及肉體接觸的其他感官，具有更多的認知價值。

此外，與各感官相關的社會價值，同樣受到這個排名影響。身為感官之王的視覺，與最重要的理性有所關聯。視覺被認為是最客觀的感官系統，自古以來也有多位學者主張，視覺比聽覺更重要，是因為人可以看到遠方的事物，卻無法聽見太遠的聲音。中世紀時期，由於強調世人要聆聽上帝的話語，聽覺變得格外關鍵。

觸覺與肉體連結在一起，因而被視為純粹的身體感覺或「無心智的愉悅」（mindless pleasure）。由於一個人無法藉由肉體了解事物，因此人們往往不太重視味覺、觸覺和嗅覺體驗。父母會先帶孩子認識視覺符號（如字母、基本符號），再教他們專注於辨認各式各樣的氣味。一般而言，正確識別氣味的能力可以保護個體的安全，像是察覺到有毒氣體或煙味等；而且在醫學沒那麼發達的年代，許多醫師還會用嗅聞（有時甚至是親嚐）的方式來檢查患者，確認他們身上是否有某些疾病所導致的微妙異味。

過去幾個世紀以來，氣味的重要性出現很大的變化。四足動物在發育過程中比人類更依賴嗅覺，因為牠們的軀體比較貼近地面，不像直立步行的人類可以看得那麼遠。然而，在清潔劑與封閉式化糞池系統問世，大幅提高衛生標準後，人類對氣味的依賴程度變低了。在講到強烈的氣味時，人們的腦海中可能會浮現出廚餘、腐爛的垃圾或烹飪的香氣。上層階級通常會讓人聯想到舒心宜人的氣味、芳香或毫無味道，但下層階級則會讓人聯想到體味、家中的惡臭和垃圾。無論這些刻板印象是否正確或真實，它們大多是人們想像出來的。上層階級的住宅通常相對寬敞，清潔方式與工具較為完善，當然也少不了香氛產品；下層階級並不是天生就比較難聞，只是不像前者那樣能輕鬆擁有又大又通風的居家空間，以及取得清潔身體或打掃住宅的必需品。

社會學家馬克．霍克海默（Max Horkheimer）與提奧多．阿多諾（Theodor Adorno）認為，「視覺固有的超然性，使其與上層階級連結在一起，嗅覺則具有混雜的本質，因而成為『濫交』的下層階級之象徵。」⑥下層階級與體力勞動、性欲和食物生產的連結較強，換句話說，就是身體相關活動，而這些都牽涉到味覺（生產和消費）、觸覺（性欲和勞動）與嗅覺（身體和空間）這類次級感官。難怪哲學家會特別強調視覺，因為它最能讓人們遠離肉體，以及維持人類生存所需的體力勞動、愉悅和照護。

味覺與其他感官截然不同。每個人的舌頭與口味偏好都不一樣，而且味覺不僅分布在舌頭上，更藏在唇舌與食物之間的互動。許多關於味覺的論述都很抽象，它們談的是「品味」的方式，而非品嚐巧克力、咖啡或乳酪的方式。關於品酒的文章多不勝數，而葡萄酒的複雜風味更是其中的典型例子之一，但許多人並沒有足夠的經驗或詞彙量來了解葡萄酒的世界。

有些人可能會認為，研究特定食物或味覺體驗不是哲學家的本分，應該由美食家、歷史學家、人類學家，或是美食記者或餐廳評鑑人員來進行。但我認為，現實生活案例能激盪出最有趣的哲學議題。本書將聚焦於日常的品嚐與飲食行為所引發的各種問題，期望讓讀者了解到，這個領域蘊藏了許多過去未曾發掘的哲學趣味。

Chapter 1

品味的好壞

Good Taste and Bad Taste

英文的 'taste' 這個字不太好理解，部分原因在於其字面上的意思（口味）和隱喻的意義（喜好），往往能夠互換使用，有時甚至難以判斷它確切指涉的詞義為何。更複雜的是，一個人在口味上也能有很棒的品味（喜好）。關於「有品味」的討論，大多著重於何謂擁有好的品味，由此可以推測，「品味差」不只是缺乏好品味而已。

品味差是指喜歡上錯誤事物，或是受到錯誤事物吸引嗎？品味差表示這個人不懂得設計、結構或風味嗎？或是品味差反映出這個人薄弱的道德觀念？從歷史的角度來看，以上問題的答案皆為「是」，但在現今，這個標籤與道德之間的關聯不再緊密，而是變成對於那些喜好異於社會主流階層者的蔑視。

若將品嚐食物及鑑賞其微妙之處的能力，視為理解「好品味」的依據，那麼我們在藝術與文化領域中對於「好品味」的隱喻性說法，就有了語言學和經驗方面的錨點。本章所探究的關鍵重點，是了解「味覺」和「品味喜好」之間的關係，因為這兩者背後的概念，反映了我們感知周遭世界時的一種價值判斷。

隱喻根深柢固地鑲嵌在人類的語言裡，以致我們通常沒注意到自己使用的是隱喻。事實上，大多數的描述都牽涉到隱喻性語言。"the world is my oyster"（世界是我的牡蠣）這句話，並不是指住在牡蠣裡或甚至是吃牡蠣，而是「擁有想要的一切」。“I'm on top of the world”（我在世界的巔峰）可以用來描述登山攻頂的事實，或是表達「登上高山般」的感受。「你的品味很好」是一種讚美，但它跟你對食物的喜好無關，而是與你的居家裝潢、穿著打扮，甚至是喜歡店內的哪項商品有關。了解隱喻表述是學習新語言最大的挑戰，因為隱喻式詞句很難精確地轉譯成另一種語言。它們具有獨特的意涵，無法直接按照字面翻譯。

'taste'這個字就是最好的例子。「好品味」（good taste）是用隱喻的方式來描述「味覺品味」（gustatory taste），但這個隱喻很難直接翻譯，因為有能力察覺飲食中的差異，與具備良好的藝術、文化或設計品味，是完全不同的。更令人困惑的是，「擁有好品味（喜好）」這個說法有獨特的含義，通常不是用於指稱與「味覺品味」相關的原始詞義。然而，若是將「好品味」視為個人對於正在品嚐或觀看的事物有某種領悟或理解，因而產生特定的愉悅反應，這樣的隱喻就很清楚了。因此，第一步就是要了解我們所謂的「品味」究竟是什麼。

「品味」所代表的意思到底是什麼？諷刺的是，這個詞的詞源可以追溯到「與觸覺有關的感覺」，[1]例如探究、測試和細察，由此可知，「品味」的概念就是「嚐一點某物」。雖然品味離不開觸覺，但是人們在思考「品味」的含義時，最先想到的並不是觸覺。「品味」在字面上是指舌頭感知飲食味道的方式，不過，審美上的「品味」（外界通常以此來判斷個人的品味好壞）則將「視覺距離」納入概念中。也就是說，擁有好的美感品味，指的是有能力思考並且在認知層次上了解藝術作品的成功之處，也能夠清楚地表達這些想法，進而找出該作品的好壞之處以及背後的理由。美感品味代表我們可以隔著一段距離感受藝術或音樂作品，並做出好的判斷，而這件事只有認知感官（視覺和聽覺）才做得到，至於味覺、觸覺和嗅覺則需要肉體直接參與，才能產生感覺。

品味的概念涵蓋了許多看似不相容的特質。人們用舌頭品嚐味道；味覺包含了嗅覺和觸覺（以及溫度）；我們可以淺嚐一點點；每個人對藝術、食物、活動等各式各樣的事物，都有自己的喜好或「品味」。「擁有美感品味」（發展成熟的喜好）最後延伸成了味覺品味的象徵，但這種說法並非明確的類比，也不只是在描述品嚐食物這件事。

當我們以舌頭來品嚐時，會產生一種直接的感官知覺，但在談到「有品味」時，我們不會有直接的知覺，而是會對藝術、音樂、時尚、設計、風格等文化領域的事物，做出評價性的判斷。味覺品味存在於口，美感品味存在於心。但遺憾的是，這個隱喻很難解釋，因為在食物或藝術方面擁有好品味，至少都要牽涉到感官或心靈。但我們談論的「好品味」（或正確的喜好），同時牽涉到飲食和文化。

喜好與品味

拉丁文中有個說法是“de gustibus non-est disputandum”，意指「青菜蘿蔔各有所好」，當人們意見不同，無法達成共識時，通常就會回歸到簡單的相對主義：各人有各人的喜好，就這樣，討論結束。不過，講到「主觀」這件事，還有什麼比人們在食物上的口味喜好更主觀的？在我看來，這類討論不能只用絕對主義或相對主義的其中之一來解釋。

事實上，很少人會相信以下這件事：人們經常提出許多理由，來認定自己喜歡的電影最棒，喜歡的餐廳最好，或是有哪一幅畫值得花時間和心力去觀賞。人們都認為自己的喜好是合理且正當的，並且以這種角度來花費時間談論。英國哲學家羅傑．史克魯頓（Roger Scruton）認為，口味喜好是人們最愛爭論的話題，並提到人們「任意地提出理由，建立關係，談論是非觀念和正確與否，卻從不質疑這麼做是否恰當。」[2]舉凡討論電影及其可議之處、書中的情節，甚至是最喜歡的球隊，都會出現這種情況。

然而，在相對主義與絕對主義兩種極端之間，一定有個具意義的立足點，因為我們經常在這些討論中大致描繪出自身潛在或明確的判斷標準。絕對主義者會說，葡萄酒、畫作或故事都有好壞之別，而好的產品／作品具備了某些特質，因而比其他產品／作品更優秀。以他們的角度來看，客觀上有更好的東西存在。相對主義者會主張，各人喜好不同，而且都很清楚自己喜歡什麼。例如，我喜歡朝鮮薊，不喜歡甜菜根，絕對沒有人能讓我愛上甜菜根；我明白有人愛吃甜菜根，但是讓我進一步認識甜菜根，或是用其他方式料理甜菜根，都無法說服我相信它很好吃。

這種推理思維有幾個問題。第一，我們將「某物很好」和「有人喜歡它」的想法結合在一起。我可以明白某物很棒甚至絕佳，卻仍舊不喜歡它；我「不喜歡」的這個行為本身，並不會讓某物變得不好，它只是跟我的個人喜好或口味不合而已。這就是「客體內涵」與「個人對客體的喜好」之間的區別。第二，所有物品都具有食物或藝術的特質或屬性。例如，紅酒是紅色的，這是它的本質內涵，我對它的感知並不會改變這項事實，就算我是色盲，紅酒依然是紅色的。此外，「葡萄酒本身的特點」和「葡萄酒給我們的感覺」也是兩回事，這就是人們與葡萄酒之間的客觀和主觀關係之差異。

當我吃到美味的食物時，可能會建議你一定要試試看，因為我想讓你嚐到食物本身的味道，而不是因為我認為你會體驗到跟我完全相同的感受。我當然希望你會有相同的感受，但是味覺完全因人而異。味覺敏銳度是由經驗、時間、文化與遺傳因素等培養而成，人們喜歡的食物不會完全相同。有些人無辣不歡，有些人不敢吃辣；有些人喜歡吃香菜，有些人覺得香菜吃起來像肥皂（這是一種與香菜氣味相關的，深植於基因中的厭惡感）。③

因此，食物的特性與個人體驗之間的區別也很重要，而這種區別同樣適用於繪畫等藝術客體（作品本身的特質，以及這些特質所帶來的體驗），只是藝術可能沒有那麼主觀，因為兩個人可以看著同樣的畫作，產生兩種體驗，但是人們吃東西時，卻無法共享完全相同的一口食物。

除了這些差別之外，你不妨多關注一下自己的體驗，特別是味覺體驗。有時候，我們吃得很急，完全沒有注意到那些細膩微妙的味道。有些人被訓練到得以察覺味道（或繪畫、文學）的細微差異。侍酒師受過專業培訓，能辨識葡萄種類、栽培葡萄的土壤化學性質，以及葡萄酒的化學性質。葡萄酒的化學性質與其他食物的氣味和味道相似（如黑莓、橡木、櫻桃、洋梨等），但是沒受過訓練的人根本喝不出來（一位侍酒師曾告訴我，要是嚐不出葡萄酒裡有什麼，就說喝起來像烤馬鈴薯）。

葡萄酒本身的特性是確切存在的，只是並非人人都受過訓練，有能力辨別出這些風味。（葡萄酒）侍酒師預備課程，可說是全方位的味覺培訓課程，大概也是最複雜的味覺教育，內容涵蓋歷史、理論、科學、地理、地質學、服務訓練，當然還有味覺。唯有最細心敏銳的味蕾，才能辨別出世界各地的葡萄酒之間的差異，並通過考試，取得侍酒師資格。

受過訓練的藝術史學家與未曾受訓的人在觀看同一件作品時，會產生不同的體驗。藝術史學家可能會從各式各樣的藝術品中得到更多愉悅感，有辦法清楚說明各件作品的成功與失敗之處，指出其背後的歷史意義所帶來的趣味，並解釋自己為什麼喜歡該作品。同一件藝術品能在兩個人心中激起不同的感受，如同一瓶葡萄酒能帶給兩位品酒人截然迥異的體驗。

美感品味的問題

十八世紀是「哲學美學」與「品味」概念的分水嶺。所謂「品味的問題」，針對「美」和美感卓越性（aesthetic excellence）的觀念提出質疑：這些觀念是否表示人們感知的客體（對象）本身具有某種特質？而那些美麗的事物是否會在受過訓練的人心中，激起某種美感情緒或獨特的愉悅感？最根本的問題是：「美」究竟是存在於觀者（主觀）眼中，還是客體（客觀）固有的並等待著那些有能力或受過相關教育的人去感知？

不同於知識，「美」總是伴隨著一種愉悅感，有些人稱之為「美感的愉悅」（aesthetic pleasure），以便將它與智識或性等方面的愉悅做出區隔，但「美感的愉悅」似乎始終是一種與肉體有關的愉悅感。

德國哲學家亞歷山大·鮑姆加登（Alexander Baumgarten）是十八世紀的美學先驅，他掀起一波觀念變革，最終形塑出主要的美學領域。在鮑姆加登於一七五〇年出版《美學》（*Aesthetica*）這本書之前，古人所說的「美學」只與肉體感官或感覺有關。古希臘的美學（aesthetikos）概念，指的是感官知覺和個人詮釋外在刺激的方式。鮑姆加登認為，感官品味並不重要，人們必須從宏觀的角度來了解文化品味的好壞。之所以會出現這樣的觀點，是因為當時歐洲藝術市場蓬勃發展，而且中產階級愈來愈有能力把藝術品當成消費品來購買。好品味與壞品味的構成要素固然需要釐清，但更重要的是要由誰來決定什麼是「好」的。

根據鮑姆加登的看法，好品味指的是發現客體之美的能力，這種能力來自訓練有素的感官，而非智性。具有好品味的人，有能力藉由感官來判斷完美與不完美。④這番見解徹底顛覆了哲學美學領域。突然間，大家開始強調誰的感官受過適當訓練，又是怎麼訓練的。當然，最後的重點還是落在視覺藝術（繪畫、雕塑和建築）與聽覺藝術（音樂、戲劇和文學），幾乎沒有人注意到口舌間的味道。

繼鮑姆加登之後，大衛．休姆和伊曼努爾．康德（Immanuel Kant）對品味的看法躍居學界的主流。康德與鮑姆加登的時代相近，因此非常熟悉鮑姆加登的作品（還一邊讀他的書，一邊勾勒出自己知名巨著的雛形）；至於休姆，則沒有證據顯示他讀過鮑姆加登的著作。雖然休姆與康德並未得出完全相同的結論，不過他們都在叩問：「好品味究竟是與肉體感官的判斷力有關，還是純粹的智識問題？」

休姆提出一種美感判斷思維，認為美存在於藝術或文學作品裡（他的例子大多取自文學），而專家（他稱之為真正的鑑賞家）比起那些沒受過訓練的人，能夠更可靠地分辨、發掘或清楚識別出「美」的作品。他說，很明顯，「無論誰斷言奧格比（Ogilby）和彌爾頓（Milton）兩人同樣天賦異稟又精確……都會被認為是浮誇之詞……一座池塘不可能如海洋般浩瀚。」⑤

幾乎所有人都知道約翰・彌爾頓（John Milton）是誰，但約翰・奧格比（John Ogilby）又是何方人物？他是一名與休姆同時代卻鮮為人知的蘇格蘭製圖師，比起彌爾頓，奧格比應該算是受僱於他人的寫手。彌爾頓的作品才華洋溢，超越時空藩籬，但幾百年後沒有人認識奧格比，因為他的作品中不見才氣，沒有美，也沒有能綿延存續的力量。只有真正的鑑賞家或「理想的評論家」才能分辨出這些作品，因為他們經常練習做比較，有能力說明作品好壞的理由。

休姆認為，真正的鑑賞家擁有好品味，至於品味差的人可能比較喜歡奧格比，若以當前的流行趨勢來說，就是喜歡貓王穿著天鵝絨西裝的肖像畫、史蒂芬妮・梅爾（Stephanie Meyer）的《暮光之城》（*Twilight*）系列小說，或是有「光之繪者」之稱的湯瑪斯・金凱德（Thomas Kinkade）的畫作。這些作品雖然很受歡迎，卻沒什麼品質和技巧可言。一百年後的藝術史或文學課堂上，大概不會介紹它們。

那麼關於葡萄酒的例子呢？諷刺的是，儘管休姆在文章中的舉例大多是文學作品，但他確實用了一個非常重要且與葡萄酒有關的寓言，來闡述自己的觀點。他以《唐吉訶德》（*Don Quixote*）中的故事為例：

「我有很充分的理由要假裝自己能品鑑葡萄酒。」桑丘對大鼻子鄉紳說：「這是我們家族代代相傳的能力。有一次，我的兩位親戚被叫去品嚐一桶葡萄酒並提供意見。大家都認為那桶酒的年份夠老也夠好，風味一定很棒。其中一個人啜飲一小口，想了一下，幾經思量後說，要不是他在酒裡嚐到些許皮革味，這桶酒稱得上是好酒。另一個人也一樣品酒沉思，然後表達他對這桶葡萄酒之風味的感想，說他嚐到一股很明顯的鐵味。其他人聽到這兩人的評論後，狠狠地嘲笑了他們一番。不過，是誰笑到最後呢？眾人在清空酒桶之後，發現底部有一把老舊的鑰匙，上頭還繫著一條細皮帶。」⑥

休姆認為，這兩位品酒者對葡萄酒的描述不同，可見得風味與味道（他特別提到甜味和苦味）不僅是個人內心的看法，也是個人從客體（對象）身上所感知到的特質。真正的鑑賞家之所以能嚐出皮革味和鐵味，是因為他們擁有休姆所謂「想像力的靈敏」（delicacy of imagination）。沒受過訓練的人未必品味差（休姆認為，這種訓練包含經驗、比較和想像力的靈敏），但也稱不上有好品味。所謂的「品味差」，是指無視或不在乎各種標準，而非無法正確地檢測這些標準。

休姆是客觀主義者，認為美的客觀事實存在於客體本身，等待人們去理解，只要是受過正確訓練和教育的人，就可以識別出那種美。另一方面，康德是主觀主義者，認為美感判斷的主觀特性是好品味的基礎。他主張，任何人都能做出有效的美感判斷，這類判斷取決於幾個特定條件，其中最重要的是：有能力進行無私（disinterested，又譯無私趣）的評價，將自己與判斷對象的財務、情緒和個人利益切割開來。此外，美感判斷必須具有普遍性（universal）和必然性（necessary）；我們要能假定每個人（普遍性）都會同意「該作品很美」這樣的評價，而且有充分的理由認為此事為真（必然性）。最後，我們必須根據作品的原始目的來使用或欣賞該作品，不能從錯誤的角度來判斷它（例如畫作就該當成畫作來鑑賞，而非拼裝組合桌）。

康德將「判斷」與「快感」（agreeable）做出區隔，事實上，這正是說「這個很美」（一種判斷）和「我喜歡這個」（對我來說令人愉悅）之間的差異。「某樣東西很美」是一種普遍性說法，因為這句話假設了所有人都會同意這個觀點。

康德主張，只有透過視覺和聽覺感知的客體，才能被認為是美的，因為那些是人們唯一能無私或隔著一段距離地關注的對象。如果要評價或判斷嘴裡的味道，就一定得將食物吞下去，讓它進入體內。康德認為，人們可以說食物令人愉悅，但它們不是美的。無論你口中的食物為你帶來多少愉悅，無論你認為這個味道有多美妙，這口食物都缺乏普遍性的吸引力，因為它只存在於單一個體的口中，無法讓每個人關注到它的好。飲食的體驗是獨一無二的，無法像觀看畫作那樣複製。

另外，康德也提到，美必定是一種微小而可理解的存在，不是什麼崇高、巨大或難以理解的事物（如颶風或山脈）。因此，美具有微小、可領會、有界限且能從遠處感受的特質，例如博物館中裱著精緻畫框的畫等。唇舌間的味道只能提供一種無法關注的直接感覺，而個人可能喜歡或不喜歡那個味道。

關於休姆與康德的美學論，我們不在此深入討論，僅從中擷取一些重點。休姆主張，美（可能也算一種「風味」）蘊藏在人們關注的客體（對象）本身；康德則說，美存在於受過良好訓練的鑑賞者之心靈或心智能力之中。休姆認為，訓練有素的專家能察覺到客體內在真正的美；康德表示，唯有具備正確心智能力的人，才能做出有效判斷。康德也認為，只有那些可以被無私地關注的事物，才能納入美的範疇，因此食物就這樣被排除在美的事物之外，而休姆也同意這一點。

根據他們兩人的看法，我們似乎不可能培養出好的飲食品味，既然如此，「擁有好的文化品味」這個隱喻又是如何發展出來的？如果不是「好的飲食品味」這件事根本不存在，就是休姆和康德都錯了。我絕對不是要指謫兩位哲學巨擘，只能說，我們對品味好壞的看法已經不同於往日。休姆和康德在尋找一種非常確切且特定的美，並且試圖釐清美究竟是內含於客體本身，還是存在於個人的心智中。他們的學說都在扣問著：誰有資格判斷藝術美麗與否？無論那個人是誰，他都被認為擁有好品味。

我認為，客觀主義和主觀主義之間應該有個中間地帶。現在看來，根據休姆和康德的論點，我們可以承認客體自有特性（如甜味或苦味），但只有在我們體驗藝術或食物客體時，它在我們心中的特性才會出現。在這兩者之間，未必僅能從中擇一。

由於人們所受的訓練和生活經歷皆不相同，所擁有的體驗能力也隨之不同，因此，當人們吃了同樣的食物或是觀看同一幅畫時，並不會得到相同的體驗。而且，這些體驗並不等於個人喜好。休姆曾經對此提供相關的論點，他認為，人們可以有千百種不同的情感

（sentiments）、觀點或喜好，但判斷只有一種，也就是事實陳述。「情感」和「判斷」的性質非常不同，千萬別把它們混為一談。

品味的道德性

哲學美學中關於「品味」的談論，大多採取前述的解釋，但這些描述就和許多哲學概念一樣，經常跳脫了歷史脈絡或影響。根據艾力克斯．阿隆森（Alex Aronson）的看法，十八世紀初，「真正的」才思、禮貌、品味等社會價值，替該時期的哲學發展打下了基礎。⑦這些關於品味的理論反映出當年的時代氛圍，人們開始學究式地公開談論社會階級的區別，以及當今所稱的中產階級道德觀。當時的中產階級注意到上層社會的品味似乎愈來愈低下，尤其是在道德方面。各地的劇院率先證實了這一點，不僅劇中人物愈來愈墮落，觀眾的言行也逐漸變得跟舞台上的角色一樣。阿隆森指出，所謂的高級品味，「缺乏嚴肅性和高尚的道德品質」。⑧

中產階級開始模仿當時被視為好品味的舉止，結果卻不如人意。最後，上層階級看起來跟「好」完全沾不上邊，不僅行為不端，在追求美感經驗（葡萄酒、繪畫、音樂和時尚）時，也不是為了這些事物固有的美好，而是因為這麼做很時髦。換言之，這些有品味的人選擇了流行卻不一定好的事物，所以那些事物才會深受大眾喜愛。

一位記者在一七三八年寫道：「品味不是時尚界專屬的流行語；凡事都講究品味，這一點是無庸置疑的；但是，品味是從哪裡在何時出現的，並沒有確定的答案……我只是發現，人們指的不是自己與生俱來的自然品味；相反地，他們捨棄了這個品味，轉而追尋一種無法解釋的想像中的品味。」⑨

好品味變成了「想像中的品味」，因為它看起來似乎很武斷，而且成為一種虛榮的形式。得體的舉止、像樣的餐點，以及閱讀複雜晦澀的重要文學作品，都變成難以理解的事。一個人在擁有社會階級和教育之後，理應從事正當且高難度的工作，並隨之產生了正直的道德品格，但他們卻逐漸淪為單純地追求流行時尚。許多人無法具體說出那些美好事物的優點，只是一味地模仿他人的喜好。

這段時期的哲學史，有個很重要的層面通常被排除在品味美學的標準論述之外，那就是康德和休姆（等人）與當時蓬勃發展的道德理論之間的關係。休姆和康德皆以倫理理論聞名，而非美學理論，但這兩者之間並非毫無關聯。在啟蒙運動期間，這些哲學家提倡要擺脫宗教解釋、宗教政府，以及「情緒是道德發展核心」的論點。當時，人們認為情緒是不理性且不值得信任的。

不過，在十八世紀早期，亞當・斯密（Adam Smith）主導了現今所謂的「道德情感論」

（moral sentiment theory）的領域。該理論強調，培養道德感所需的，不是純粹的理性和邏輯，而是使人類之所以為人（而非機器人）的元素，例如關懷與同理心。斯密認為，最好的道德理論奠基於一個重要的假設，也就是人們都是社會的一分子，會彼此互相關懷。那些主張純粹理性的觀點，無法解釋為什麼人們會優先照顧所愛之人。

美國哲學家羅伯特・索羅門（Robert Solomon）指出，這段時期，「大眾文學中，『女性小說』的出現掀起了一波文學熱潮，通俗作品與羅曼史廣受讀者歡迎，而這些故事將美德和良善與澎湃泉湧的情感劃上等號。」[10]十八世紀早期，情感主義（sentimentalism）與關懷這兩種被認為帶有女性氣質的情緒，被視為藝術中的美德，但隨著注重理性和個人主義的啟蒙思想萌芽，這種觀念很快就被拋棄。到了十八世紀末，啟蒙理性主義躍居主流，情感與情緒價值成了膚淺和反智的象徵（特別是這些概念與女性有關）。人們認為，好的藝術應該蘊藏挑戰和趣味，讓觀者有空間進行不同的詮釋，而非流於情緒化和瑣碎。品味好的人欣賞出色的藝術；喜歡拙劣藝術的人則品味差。

時至今日，壞品味與情緒之間的連結依舊存在。到了十八世紀末，情感小說與羅曼史受到啟蒙運動影響，遭到人們摒棄，取而代之的是更富理性色彩的作品。擅長書寫女性及其對婚姻以外的人生意義之渴望，並以這類情感小說聞名的珍・奧斯汀（Jane Austen）從此被擱置一旁，人們更欣賞男性作家以及對抗人性本質的角色，例如赫曼・梅爾維爾（Herman Melville）的《白鯨記》（*Moby-Dick*），以及查爾斯・狄更斯（Charles Dickens）在《艱難時世》（*Hard Times*）中描繪的成長過程和城市生活的殘酷現實等。人們不再將情感藝術視為好藝術，反而因為這類作品太情緒化而避開它。有些人認為，情感或媚俗藝術的問題在於太過簡單，而非太過情緒化。情感藝術沒有挑戰性，只是單純漂亮好看而已，沒有任何模糊地帶與詮釋的空間。但事實上，這不過是一種文化偏好，源自於人們對「智識」的重視勝過了由當時的道德理論所構築的「情緒」。

「多愁善感的情緒」（sentimentality）最終被視為一種道德缺陷。康德筆下的道德，帶有完全且本質上的理性。理性的能力，是人類之所以為人的要素，他的論點根植於一項事實：我們必須擁有完整的悟性（知性），才能做出道德決定。「有道德」指的是在特定情況下應用普世規範的能力，並且有辦法清楚說明自己為何做出這樣的道德選擇。康德的絕對主義倫理學，完全拋棄了「溫柔的關懷」。⑪

那些普世的規範平等且理性地適用於所有人。這是情緒與情感的終結，也是道德情感主義的沒落。在康德的時代之後，這種理性主義始終深植於倫理學，直到二十世紀「關懷倫理學家」（care ethicists）出現，情況才有所改變。在十八世紀這個歷史上的重要時代，人們認為由情緒驅動的行為較不理性，因此也較不道德。做選擇時愈客觀愈好，這才代表那個決定比較理性。

我會描述這段背景，並不是因為我認為這些看法正確，而是因為這些十八世紀發展出來的論點，已經成為現代常見的思維。某種程度上來說，好品味和良好的道德，與理性、複雜性和正規（及美學）教育有關，而這些特徵往往與男性相連結；壞品味和不良的道德觀，與情緒、簡單和缺乏教育有關，而這些特徵往往與女性綁在一起。

雖然這只是籠統的概括，但在歷史上有很多證據都點出了「女性與情緒之間有所關聯」的信念，此外，人們也採納了許多十八世紀延續下來的論點，來建構政府體制、自由觀與法律制度。在人們從十八世紀承襲而來的「好品味」觀念中，個人必須是「理想的觀者」，也就是保持抽離、理性和反思的態度，同時能領略特定歷史和藝術背景下的藝術作品。情緒往往被視為弱點，它會干擾觀者，使其無法保持適當的思考距離，理性地欣賞作品。

總之，所謂的「好品味」包含了正確的訓練、適當的關注距離，以及隨之而生的得宜的情緒。二十世紀的社會學家皮耶・布赫迪厄（Pierre Bourdieu）對此提出質疑，認為品味無關乎適當的訓練，而是純粹的社會經濟階級差異，這些差異會導致個人擁有特定的欲望和喜好。事實證明，「適當的訓練」與社會經濟階級直接相關。布赫迪厄主張，從文化人類學的意義來看，擁有好品味與了解文化有關。文化品味牽涉到對藝術和設計等文化客體的偏好，但是，人類學意義上的品味，只存在於以下的情況：我們認為「對大多數精緻事物的品味，應該重新連結了對食物風味的基本品味」。⑫

綜觀人類歷史，只有富裕階級能取得各式各樣或來自不同文化的食物，也就是布赫迪厄所謂的文化資本（cultural capital）。一般來說，富裕階級吃得比較少，因為他們有本錢將心思專注於形式而非功能。這就是為什麼有錢人只要吃蔬菜幼苗（microgreens）、細致泡沫（foams，註：分子料理的一種形式），以及小花朵尺寸的餐點，就足以維持身體所需，因為形式就是技藝的展現。

根據布赫迪厄的觀點，勞工階級期待客體（物品）能發揮特定的功能，上層階級則能採取一種比較超然於日常生活之外的較疏離的姿態（或凝視）。就烹飪而言，窮人往往會吃比較多低品質的食物，可選擇的種類比較少。飲食相關疾病並不會只發生在下層階級，但在二十一世紀，這類疾病（尤其是肥胖）在下層階級特別常見。社會經濟地位較低的人，會購買自身財力能夠負擔且最有飽足感的食物，也就是高熱量卻通常不具營養價值的食物。

布赫迪厄的結論是，品味（鑑別不同風味的品質之能力）是一種「養成對特定風味之喜好」的能力，但一個人若沒有機會體驗各式各樣的食物和風味，就永遠無法習得判別的方法。他將之視為解讀密碼的一種形式，類似於了解一門語言，而且是從文化的角度切入。那些無法「解讀」密碼的人，並不是看不見這些符號，而是看不懂。

要進一步探知布赫迪厄的觀點，可以從中世紀開始。根據食物史學家馬西莫·蒙塔納里（Massimo Montanari）的說法，當時的人不了解有些人的味覺比其他人更「細膩」。人們認為「所有味道的合理性都是由個人的自然本能決定」。[13]這種看法有部分是基於宗教信仰，即在上帝眼中人人平等。

十六世紀初，朱利歐·蘭迪伯爵（Count Giulio Landi）在讚美皮亞琴察乳酪（Piacentino cheese，一種以番紅花染色，內含整顆黑胡椒粒的西西里山羊奶乳酪）時寫道：「民眾對其讚譽有加，但無法說出它為何如此美味的理由。」[14]換言之，民眾可能喜歡這種乳酪，卻說不出個所以然。有些人可能只是喜歡；有些人會說它很好吃並解釋原因；有些人有辦法闡述這種乳酪為什麼美味，同時好好欣賞它的優點。若有人能說出皮亞琴察乳酪美味的理由，卻仍覺得劣質乳酪（例如加工乳酪片或液態乳酪）很棒，那麼他們辨別味道及擁有好品味的能力，就會受到質疑。

階級在此首度出現真正的分化，品味成了「社會分化的機制」，起因在於「菁英需要隨時重申自己的不同，因為他們具有農民所沒有的『理性意識』」。⑮上層階級能夠取得品質更好的食物，也經常學習如何品鑑料理，而下層階級則不曾受過這樣的訓練。這種社會分化現象在許多層面都很重要，尤其是在享受美酒的能力上。

葡萄酒是用來理解這個概念最簡單的例子，因為許多人都沒有接受過相關訓練或有足夠的經驗，可以辨識各種葡萄酒之間極其細微的差異。理論上，任何人都能接受培訓並學會如何辨識這些差異，進而發展出對於最令人垂涎的風味及其組合的喜好；但事實上，只有買得起各種葡萄酒的人才有辦法做到這件事。

對布赫迪厄來說，要有好品味，就得具備解讀文化密碼的能力，而在歷史上，品味的密碼始終掌握在有門路和特權的上層階級手中。這個隱喻甚至從食物和葡萄酒，擴展到文化領域，包括逛博物館、聽音樂會和閱讀文學作品，都成了菁英必須具備的事項。按照布赫迪厄的說法，所謂的「有好品味」，只不過是被訓練成喜歡那些菁英喜歡的事物。在他的眼中，並沒有理想的觀者，只有一些濡化（enculturated，指文化適應）程度比其他人更深，因而得以理解自身文化中重要文化符號的人。

壞品味

如果好品味指的是喜歡或偏愛正確的事物，或是在其中尋得愉悅感，那麼壞品味想必是喜歡或偏愛拙劣的藝術、糟糕的食物，甚至是不道德的事物，或是在這些事物中尋得愉悅感。品味差的人會在錯誤的事物中尋得愉悅。比起上百篇探討好品味的文章，以「壞品味」為題目的研究非常少。顯然人們認為判斷壞品味的標準，並不比好品味的標準重要，或者，人們只是假定「品味差等於沒有好品味」。

羅伯特．索羅門明確地指出，壞品味不光是喜歡拙劣的藝術而已。拙劣的藝術（美國波士頓的糟糕藝術博物館〔Museum of Bad Art, MOBA〕展藏了一些絕佳範例）只是「純粹的技術無能」。[16]索羅門認為，有些人品味差是因為沒受過訓練，不了解某種媒介或特定文化中的流行時尚，但也有些人是單純喜歡道德敗壞的事物。那些品味差的人，可能會被「禁忌、褻瀆宗教或神靈、難以形容的粗俗表達、不當和殘忍的挑釁（例如，吧檯椅的椅腳是用真正的水牛腿標本製成）」之類的事物所吸引。[17]但是，我不認為在飲食上品味差代表喜歡不道德的事物，而是比較喜歡標準化的食物，或是不清楚自己的喜好。

味道不只是舌頭的直接感覺。所有味道都涉及認知覺察（cognitive awareness），也就是：我們吃的是什麼？以及它好不好吃？我能嚐出一顆草莓壞了，同時知道它是草莓。我也吃得出優質草莓的美味，然而，要區分草莓與柳橙之間的差異，就必須進行認知思考。我可能喜歡草莓勝過柳橙，但這種喜好無須動用到任何知識。關於這一點，我同意哲學家泰德・格拉契（Ted Gracyk）的看法。他說：

> 「要明確指出哪些原因使客體從審美角度來說是好或壞，必須有意識地學習做出必要的區別，而好品味就是這樣發展而來；一個人的樂趣，是根植於辨別自身喜好有何優劣特徵的過程。」[18]

因此，「喜好」不需要知識，但品味需要。在區分各種潛在價值時，我們都必須提出原因或理由，而壞品味指的是在沒有這些原由的情況下，擁有強烈的個人喜好，因此是一種「故意無知」（wilful ignorance）。然而，「壞品味」不同於糟糕或錯誤的思維，要是一個人有這種思維，就可能會猜測答案，卻無法合理推斷或解釋為什麼那個答案是正確的；但以品味和美學喜好來說，伴隨而來的「美感

的愉悅」是該項選擇不可或缺的要素。美學喜好包含了經過磨練的美感愉悅，以及有助於集中這些愉悅感的認知部分。

泰德．格拉契還簡要說明了幾項可能構成壞品味的條件。他說，要是滿足下列四個條件，就表示該個體（以甲代稱）品味不佳：

1. 現場有熟語該領域的鑑賞家；
2. 甲系統性地喜好其他作品，而非鑑賞家欣賞的作品，即便有人告訴他，鑑賞家認為那些作品的價值何在亦然；
3. 甲是根據個人經驗選出喜好的作品；
4. 甲對於該領域具備適當的知識，明白鑑賞家在其中尋找及重視的是什麼。[19]

最後，甲不僅知道社會既定的文化標準，也有親身經驗，但他還是偏愛其他作品。沒有人喜歡糟糕藝術博物館裡的展品，只是那些技巧拙劣的創作實在太經典，讓人很難不看著它們咯咯笑。

然而，舉例來說，許多人喜歡湯瑪斯．金凱德的畫作；這些畫作大受歡迎。金凱德自稱是「光之繪者」，打造出以這些畫作為中心的完整產業，喚起人們對於大自然、舒適與溫暖亮光（主要是溫馨的壁爐火光與燭光）的渴望。一位評論家說，他的作品人氣之高，「讓我們得以了解群眾的內心世界，他們極度渴望著瀰漫在美國生活中的懷舊之情，想要回到想像中安全且充滿光輝的過往。」[20]金凱德所描繪的這種田園詩般想像中的過往，是評論家最不青睞的。

金凱德的生活中有不少畫家常有的困擾（酗酒及其他嚴重不良行為），但他也賺進了大筆財富，這一點倒是不同於典型的藝術家。他的畫作沒有爭議，也不具挑戰性，所描繪的是燈塔、小屋和房屋，以及從窗戶流洩而出的光線。這些建築物坐落在大自然中，散發著寧靜祥和的氛圍。正如一位評論家所言：「這是主流藝術，不是那種你必須盯著看、試著理解，或是得有藝術學位才能判別其好壞的藝術。」[21]金凱德在巔峰時期擁有許多專門店，遍及全美三百五十家購物中心。[22]然而，他的作品始終脫離不了媚俗；最後，他甚至在畫裡融入迪士尼、DC漫畫和《星際大戰》中的角色，媚俗感更加強烈（想像一下，經典動畫《小姐與流氓》〔*Lady and the Tramp*〕裡的那兩隻狗，襯著一片靜謐的自然風景）。

他的畫作開始出現在La-Z-Boy品牌的休閒躺椅，以及成套的杯子、枕頭和毯子上。金凱德的畫作非常多（但並非全都是由他親手繪製，更何況他已經不在人世了），而且以藝術作品來說，價格相對便宜。他的藝術不僅容易理解，也非常感性，因此相當吸引大眾，許多人都想在家裡掛這類的物品。金凱德的官方網站聲稱，美國有超過一千萬戶人家擺掛了他的畫作，「在同時代的藝術家中，他的作品有最多人收藏。」㉓

那麼，喜歡金凱德畫作的人是否品味很差呢？根據泰德．格拉契提出的概念，要看那個人是否了解二十世紀與二十一世紀的繪畫所重視的價值為何。不清楚這套標準的人，可能會被金凱德的感性畫風吸引，因此不能算是品味差，他們只是不知道有更好的作品。相反的，一個喜愛金凱德的藝評家應該感到汗顏，因為這些畫作雖然展現出一些專業技巧，卻不像這個時代的「純藝術」（fine art）所追求的那樣充滿趣味或具有挑戰性。因此，好品味取決於個人本身，而非在於吸引他們的事物。

加工食品就像烹飪版的金凱德畫作。這類食品背

後的原理為化約論（reductionism），也就是將各種食物拆解為基本組成元素，再用特定的方式將這些元素重組在一起，製作出與原始食材絕對一致的成品。在這個過程中，還會摻入添加物，像是在牛奶中加入維生素D，或是在白麵包裡增添維生素，以補足麵粉在漂白過程中流失的營養等。

舉例來說，Pop Tarts夾心餅乾會使用漂白過的標準化麵粉，這樣一來，銷售到全球各地的夾心餅乾才會有一致的味道。Easy Cheese液態乳酪、奧利奧餅乾（Oreo）和許多早餐穀片也是如此。這些食品的味道經過控管，因此個別包裝裡的食品，嚐起來的味道都相同。我們不必努力去品嚐它們之中的任何變化，像是注意到自製蘋果派裡使用了哪種蘋果，或者香蕉麵包中的香料組合。廠商的所有努力都是為了確保這些食品的味道永遠不變。

味道的差異會迫使品嚐者留意那些不同之處，進而發現自己所喜歡及不喜歡的滋味。若是少了這些微妙的變化，人們的味蕾就永遠沒機會進行識別與反思。我喜歡奧利奧餅乾，喜歡每次吃這種餅乾時嚐到的味道都一樣，但我也知道，自己對奧利奧餅乾的喜愛，是以我吃過的其他食物為背景脈絡，而那些食物有助於我辨識奧利奧餅乾的味道。

品酒的藝術

葡萄酒是人們經常品嚐與飲用的物質中，內涵最複雜的其中之一。許多人只是單純喝酒，並不了解葡萄酒的複雜性，然而，就跟所有食物一樣，人們喝酒的原因有千百種，包括想喝醉、以酒佐餐、品飲其繁複的風味、練習鑑別不同種類的酒等等。如果我是為了喝醉而喝，就不太會注意到杯中物的複雜性，不過這也沒有什麼不對。有時候，我們純粹是因為肚子餓而吃東西，並不會去注意每一口的味道，但這不會減損我們品嚐食物的方式。這種情況就類似於因為趕時間而匆匆走過畫作前方一樣。真正的問題在於，個人對葡萄酒的品味是好或壞。

雖然這種事不像以石蕊試紙檢測酸鹼值那樣明確，但正如前文所述，還是有一些好的指導原則，尤其是世界上有許多熟諳葡萄酒且標準非常明確的鑑賞家。

葡萄酒是一個人是否擁有好品味的完美指標，它大概是地球上最複雜的飲料，有許多因素都可能改變其風味，數量之浩大，因此必須由味覺極其細膩敏銳的工作者來掌控及理解。釀酒師使用流傳數百年歷史的老技術（和一些葡萄樹），年復一年地努力維持著讓他們打響名號的品質、水準和風味。葡萄酒文化有一套完善的訓練與認證體系，讓人們能夠依循一致的標準來品鑑葡萄酒。伽利略（Galileo Galilei）曾說：「美酒是由水凝聚而成的陽光。」㉔正是我們攝取「液態陽光」的能力，而非只是品味它們，能帶給我們獨一無二的真實體驗。

葡萄酒是地方風味的極致展現，而能夠吸納不同的地方風味，則是飲食最重要的體驗之一。當我們在品嚐世界各地的葡萄酒時，不僅能享受到形形色色的風味，更能在飲酒的當下，與釀製這款酒的那個地方、那片土地和釀酒師產生連結。以葡萄酒來說，品酒不只是一種正確辨別味道的能力，也是一種鑑賞所飲之酒的能力。我們必須了解如何品酒，明白釀酒過程中有哪些因素會讓這支酒如此特別，才能踏入鑑賞的層次。葡萄酒是能帶來暖意和興奮感的酒精飲料，因此隨處可見。我們必須接觸來自世界各地的多樣葡萄酒，才能真正鑑賞葡萄酒的風味。

有許多方法可以判定一個人對葡萄酒的品味差，例如，他購買了大學生會買的酒、非常廉價的酒、放在超市貨架最底層的酒，還有任何一款金芬黛粉紅酒（White Zinfandel，特別是莎特酒莊〔Sutter Home〕的酒款，這種酒就是他們發明的）。這些葡萄酒的味道通常很甜又單純，是使用劣質葡萄以完全標準化的程序大量製造而成，因此，不同年份的每一瓶酒的味道，不會有任何變化。金芬黛粉紅酒又甜又簡單，被認為是「初學者喝的酒」，不過，許多人在體驗了風味較繁複的葡萄酒所帶來的愉悅感後，就不會再喝這種酒了（但平心而論，還是有一些金芬黛粉紅酒風味絕佳）。

儘管食物能否算是「藝術」仍有待商榷，我們還是可以詮釋並賦予其意義。至少，飲食無疑是一種美學。一些簡單的食物（如加工乳酪），其味道不會改變，也不複雜，葡萄酒則落在光譜的另一端，葡萄品種與釀酒廠都會影響到酒的風味。我們可以運用嗅覺和味覺，來判斷一瓶酒是否變質；葡萄酒在開瓶之後，放得愈久，喝起來的味道也會不一樣。許多喜歡葡萄酒的人很喜歡聊酒，以藉此磨練他們的葡萄酒詞彙，並弄清楚自己在酒中嚐到的風味是否與在場的其他人一樣。描述葡萄酒能讓我們釐清並確認自己的體驗是否與其他人相同。

味覺只是「擁有好的葡萄酒品味」的一部分。由於葡萄酒各有一些特性可供品嚐，再加上個人因為年齡、經驗和遺傳因素所導致的差異，「好品味」實際上指的是「適當的鑑賞力」。葡萄酒的特性無好壞之分，但我們會慢慢了解自己在偏愛的葡萄酒款裡，所看重的是哪些特性。鑑賞力的重點在於正確識別葡萄酒，以及有能力辨認出個人喜愛的酒具有何種特性。所謂的好品味，並非知道哪些葡萄酒很棒，同時讓別人對這些酒留下深刻印象，而是真的有辦法鑑別出那支酒具備哪些美妙的特質。一個人必須經過大量的學習，才能辨認出不同的味道，以及了解為什麼某款葡萄酒具有哪些風味特徵，某個年份的酒款又受到哪些地理、景觀或氣候因素的影響。

葡萄酒文化在某種程度上類似藝術文化，這個圈子裡有不少比賽和慶典等活動。每年世界各地都會舉辦數場賽事，評選出最佳葡萄酒。一九七〇年代中期以前，法國葡萄酒一直被視為葡萄酒界的龍頭。從文化上來說，法國葡萄酒之所以被認為高人一等，是因為法國屬於舊大陸（Old World，註：指地中海周圍的傳統歐洲產區），該區在釀酒方面具有完美的技藝和最悠久的歷史。

然而，一九七六年，一款來自美國納帕谷（Napa Valley）蒙特雷納酒莊（Chateau Montelena）的加州夏多內白酒（California Chardonnay）奪得「巴黎品酒會」（Judgment of Paris）冠軍。這場比賽是由時居巴黎的英國酒評家史蒂芬・史普瑞爾（Steven Spurrier）所舉辦，目的是想將一些新問世的美國葡萄酒引介至法國。評比方式為盲品，結果評審喜歡加州夏多內白酒更勝於法國夏多內白酒。新世界（New World，註：指美洲、澳洲、南非等新興產區）葡萄酒的獲勝，讓史普瑞爾及其他酒評家大感訝異。

法國的虛榮感，有部分原因來自於舊大陸與新世界之間根深柢固且難以打破的隔閡。舊大陸聲稱他們的葡萄酒是全球之最，因為他們花了數百年的時間精進並改善釀造工法，栽植的葡萄樹也有古老的歷史，而且以法國為中心擴及到大部分歐洲地區的葡萄酒文化，也比美國葡萄酒文化更精緻優雅。

事實上，新世界的葡萄樹是從舊大陸進口的，但即使樹種相同，由於土壤、地理環境和氣候有所差異，負責照料的人員、設備和相關化學作用也不同，所有因素都會導致葡萄酒產生不同的風味。

那麼，最佳葡萄酒又是怎麼評選出來的？一般而言，是以外觀（如顏色、澄澈度等）、芳香（aroma）與酒香（bouquet）、味道、尾韻或餘韻，做為主要的品鑑標準。㉕通常每個類別都是獨立評分並授獎，另外還有一個整體表現評鑑。

如今有許多葡萄酒大賽，不僅加州葡萄酒摘下「最佳葡萄酒」桂冠讓法國人大感驚訝，中國葡萄酒也榮獲了知名「品醇客世界葡萄酒大賞」（Decanter World Wine Award）的金牌。這個大賞是在二〇〇四年創立，主事者是舉辦一九七六年巴黎品酒會的酒評家史蒂芬．史普瑞爾，目的是進一步提升法國葡萄酒的水準。二〇一九年，中國釀酒廠帶著自家葡萄酒參賽，最後抱回七面金牌，囊括紅酒、白酒與粉紅酒冠軍。㉖中國有廣袤豐饒的耕地可以栽種葡萄，許多人也很快就培養出鑑賞頂級葡萄酒的品味。雖然中國能釀造出優質葡萄酒一事並不太令人意外，但放眼當今世界上的許多地區（尤其在歐洲），認為「法國與歐洲產的葡萄酒優於其他產地」的老舊觀念依舊盛行。

一個人必須品嚐各式各樣且來源多元的食物，才能發展出品鑑食物與酒的能力，養成好品味。我並不贊成「將品味建構成一種客觀知識」的論點。要是缺乏反思或自知，我們就會自動偏愛那些熟悉的事物。如果你不多加擴展經驗範圍，就會被侷限在這個自動化的喜好中。人們透過延伸觸角去體驗新事物，可以擴展體驗的多樣性。正如認識論（Epistemology）所主張的，學習新知能讓人們做出更好且更精細的區別。

欲判定一個人品味很好的前提，是你相信這個人不但能辨認出細微的差異，在品嚐時也能體會到適當的愉悅感。「饕客」（foodie）是一個相對新興的口語化說法，指稱那些對飲食、品嚐、美食主義和食物製備方式感興趣的人。饕客往往以飲食為樂，對食物的熱愛遠超過一般人，不像許多人只是為了止餓或嘴饞而吃東西。相較之下，「飲食主義者」（foodist）提倡特定種類的飲食，例如素食主義、純素主義等。世界上不可能有純粹客觀的品嚐者。也許我們可以用化學分析來釐清物質的成分和結構，但人類的主觀性是天生固有的，因為個體只能依賴主觀經驗。縱使有這種內建的主觀性，我們還是能看出有些人的味覺的確比其他人更敏銳，更有資格品鑑飲食。

世界各地都有專業品酒師與咖啡師等人，負責鑑定品質和一致性，以及判斷特定食品和飲料是否達到品質標準。可是，在品味方面，不應該以客觀性和普遍性為理念。正如英國哲普作家朱利安・巴吉尼（Julian Baggini）所言，「目標不該是將認知層次與生物層次切割，區分客觀觀點與主觀觀點，而是將它們整合起來，讓我們的心智與唇舌都有能力進行飲食鑑賞。」㉗在做出判斷之前，務必先把標準弄清楚，因為秉持錯誤的理念，可能讓我們重視錯誤的事物。

巴吉尼更指出，義大利慢食運動（Italian Slow Food movement）提倡著飲食這件事更關乎愉悅感，而不只是營養，這個理念傳達出許多正確的觀點。慢食運動鼓勵大家選擇品質好、純淨、符合公平交易原則的食物，也就是由熟悉那片土地和作物，並且獲得合理工資的農民與勞工悉心照料，所生產出來的優質食物。食物應該要用愛、關懷和傳統來烹煮，也應該要與他人分享，我們不該像替車子加油那樣獨自用餐。一起用餐是一種很特別，甚或是神聖的行為，而思考食物的來源、製備過程與烹煮它的人，也是很重要的事，不應該次於飲食所帶來的真切喜悅。

我所宣稱的這一連串「應該」，都是我心目中的理想樣態。我認為，擁有好品味，指的是與食物建立起一種超越舌尖味覺以外的關係。我們透過品嚐自認為美好的、正確的，以及曾接觸過的食物，來培養自己的品味。在經過有意識地努力之後，我們才能擁有好品味。

Chapter 2

飲食的愉悅感

The Pleasures of Eating and Tasting

愉悅感是一種很模糊的概念。它是生理還是心理上的愉悅？這種感覺是好還是壞？我們有可能過度愉悅嗎？有些人將愉悅感與幸福快樂相聯繫，卻又探問這兩者之間究竟是什麼關係。有些人認為愉悅感與肉體有關，但由於肉體與心靈互相對立，他們想知道該如何才能有效破壞或控制愉悅感。有些人透過將愉悅及其反義詞「痛苦」擺在一起，來了解愉悅的意義。有些人試圖定義愉悅或捕捉其本質，但相對來說卻沒什麼成果。有些人將愉悅連結至美感經驗，雖然這兩者看起來明顯相關，但對於愉悅感是否為觸發美感經驗的必要或充分條件，以及如何達成這件事，他們始終沒有答案；有些人則試著描述高層次與低層次的愉悅，企圖量化不同類型的愉悅之價值。

本章所探究的起點，並非答案，而是更多的問題：愉悅屬於肉體或心靈的狀態？它是幸福的必要條件嗎？我們能不能建構出一套純粹的愉悅理論，不受痛苦、倫理、美學或詮釋的影響？雖然我無法完整回答上述的問題，但我想替愉悅感辯白。我認為，愉悅感是件好事，追求愉悅是人類的天性。要了解這個概念，飲食就是最好的例子。無論是身處何方的哪個人，都能從食物中獲得愉悅感。飲食（細細品嚐，而非只是進食）帶來的是哪一種愉悅？我們能否將愉悅感定義為正面、充滿人性、重要，甚至是不可或缺的事物？

愉悅感的歷史脈絡

從最早期的哲學界開始，愉悅感（特別是源於飲食的愉悅感）一直被認為是危險的，甚至可能造成破壞。這類觀念的源頭，似乎是因為愉悅感與肉體之間的關聯，以及它顛覆理性的特質。

蘇格拉底（Socrates）在解開手銬準備受刑赴死之前，便提到了愉悅與痛苦息息相關。① 他一邊揉搓著雙手，一邊談起愉悅在痛苦之處流動，兩者緊密相繫。他說，愉悅和痛苦「絕對不會同時出現，但若你追求並攫住其一，往往被迫體會到另一種感受；它們就像是連接著同一顆頭顱的兩具不同身軀」。② 蘇格拉底表示，如果伊索（Aesop）有想到這一點，一定會虛構出一個關於愉悅與痛苦的寓言；故事中，兩者爭論不休，頭緊貼在一起，其中一個去哪裡，另一個也不得不跟著去。

柏拉圖也認為愉悅與痛苦是靈魂的對立狀態，並提到這兩者之間存在著中立的平靜（calmness）狀態，如果這種中立狀態隨著痛苦經驗而來，往往會被誤認為是愉悅感。

蘇格拉底認為，愉悅、平靜與痛苦位在「客觀」的光譜上，但是，當你位在光譜的一個端點，就會認為中間地帶的體驗像是另一個端點。雖然有客觀量表可以檢測從痛苦到愉悅的指數，但得出的結果實際上都是主觀經驗，往往因人而異。蘇格拉底唯一提到飲食和愉悅之處，是描述飢餓與口渴的痛苦。他說，用進食來填補飢餓感，令人舒心愉快，而「喝飲不僅滿足了身體的渴，也是一種愉悅」。③飲食之所以帶來愉悅感，純粹是因為這些行為能減輕生理飢渴所造成的痛苦。因此，他提出「愉悅－痛苦二元論」，認為這是靈魂的自然狀態，但從未明白解釋何謂愉悅，也沒有談到飲食在緩解飢餓之後，能否引發愉悅感。

對亞里斯多德而言，愉悅感本身既不好也不壞，只是完成一項活動而已。他主張愉悅「屬於政治哲學領域，因為這個概念是由政治哲學家所創，其觀點是人們沒有資格去指稱一物為壞，另一物為好」。④他認為，萬事萬物都有目的或目標。橡實的目標是成為橡樹，人類的目標是幸福快樂；愉悅感只是個人和集體努力的副產物，不該成為人類專注追求的目標。一旦我們達成目標，就會體驗到愉悅感；如果我們知道自己想要什麼，就能開始養成良好的習慣，進而著手展開那些能達成目標的事。例如，我想要接受更高等的教育，就會從實現這個目標的過程中獲得愉悅感。

到目前為止，這套理論似乎沒什麼問題。但亞里斯多德特別指出，愉悅感本身不能成為目標，否則人們可能會吸毒成癮、陷入飽食昏迷，或是持續追求性滿足來達到愉悅，然而，這些事物無法讓人感到真正的心滿意足。他還說，有很多愉悅感並非好事，反倒是卑劣又令人不快，有些甚至會釀成傷害。⑤在亞里斯多德的眼中，愉悅感不是目標本身，而是伴隨著其他目標的過程，只是追求幸福的副產物。

亞里斯多德將「愉悅」與「活動」區分開來的觀點，或許可以追溯到在極端飲食間找到平衡的能力。這種能力指的不光是適量進食，還有正確地選擇食物種類，以及均衡攝取，至於各項細節則取決於個人的年齡、活動量、文化與獲取食物的途徑等因素。運動員的正確飲食不同於久坐的上班族；兒童的正確飲食不同於老年人。

當然，最佳飲食同樣會牽涉到飲食愉悅感，不過，正如亞里斯多德所說的，人類「無自制力」（akrasia）或「意志薄弱」的問題始終存在。許多人只要有機會，就絕對不會選擇這種完美均衡的飲食。所謂意志薄弱，就是耽溺於那些我們告訴自己別耽溺的事物。以我為例，通常一碰上巧克力就沒輒了。

西元四世紀的神學家與哲學家聖奧古斯丁（St Augustine），以洋洋灑灑的文字談論他對性欲和口腹之欲的擔憂。聖奧古斯丁是當時基督教復興的關鍵人物，曾經撰寫文章探討原罪，提到教會有如「上帝之城」，與塵世之城相對，並闡釋恩典在基督教中的作用與角色。他想要說明一個藉由宗教來助人為善的世界，而且宗教能幫助世人為自己和社群做出更好的決定。

另外，飲食與性愛也是聖奧古斯丁在文章中關注的重點。根據他的看法，飲食與性愛都有正確且適當的目標，分別是為了健康和繁衍。然而，若是一個人做這些事時，不只是為了達成主要目的，而是沉溺其中的愉悅感，就有可能縱欲過度。他說：「我們飲食是為了健康，但伴隨健康而來的是一種危險的愉悅感。這種感受經常企圖凌駕於其他事物之上，因此，許多人說他們是為了身體健康，其實是為了愉悅感。」⑥

正確的目標（健康）和放縱的目標（暴食）各有不同的愉悅感，但表面上看起來都一樣是「飲食」。開心吃喝並沒有什麼不對，但如果一個人對有益的好事物（健康）沒興趣，又試著將愉悅感與有益（健康）的事物分開，就不免令人憂慮。同樣的規則也適用於性行為。繁衍後代所帶來的性愉悅，完全沒問題，但如果一個人沉溺於性愛只是為了愉悅感（例如採取避孕措施），就是從有益的事物（或目標）轉移到純粹的愉悅。

聖奧古斯丁說，這就是讓自己身陷麻煩的開始。與生育相關的性愉悅是好的，因為這本來就是為了讓孕育後代這件事更令人愉快。與健康相關的飲食，也是好事，但若超出這個範圍，就是危險的愉悅。

正確且適當的目標有助於控制飲食和性愛所帶來的愉悅感，不過，聖奧古斯丁的理論似乎有太多例外，令人費解。比方說，他認為，若一個人因為年齡、疾病等因素而無法生育，或單純不想生育，就不該發生性行為。以他的邏輯繼續延伸，試管嬰兒並不在討論範圍內，因為它是不含性愉悅的生育；同性的性行為無法生育後代，似乎也不在討論範圍內。至於飲食，我們怎麼知道吃多少才不算墮落？一片奧利奧餅乾？五片？還是十片？健康是個很模糊的目標，因為它跟我們的食量沒有直接關聯。至少對我來說，愉悅感不在於我吃進去的量，而是我有多愛吃那樣食品。

聖奧古斯丁還提到，飲食之所以讓人感到愉悅，只是因為它能填飽肚子，減輕飢餓感。但品嚐美食時的那種愉悅又該怎麼說？品嚐的目的不是為了健康，而是為了愉悅感。事實上，品嚐味道的重點在於辨識有毒的食物（這類食物大多吃起來很苦）或判斷甜度（通常甜度高代表水果達到成熟巔峰），但品嚐美食一事遠遠超出了實用的範圍。由於品嚐包含了味覺、嗅覺（記憶線索）和觸覺（溫度、質地與口感），飲食實際上是一種多感官的活動，可能會引發強烈的快感／愉悅感。慢慢咀嚼、細細品味，以及選擇自己喜愛的食物，這些方式不僅能刺激舌頭，還能產生真正的味覺愉悅。

英國哲學家傑瑞米・邊沁（Jeremy Bentham）的觀點與聖奧古斯丁完全不同。他想擺脫宗教信條，以倫理學或義務為理論基礎。他主張，要依據愉悅與痛苦的含義，建構出一個兼具幸福和公平的體制。

邊沁認為，愉悅與痛苦是人類最基本的動力，因此，要解釋人為何有所為、有所不為，都必須從這裡著手。他提出所謂的效益論（utilitarian theory，又譯功利論）：

大自然將人類置於痛苦和愉悅這兩大主宰之下。唯有它們，才能指出我們該做什麼，決定我們會做什麼。在它們的寶座上，一邊緊繫著是非對錯的標準，另一邊則緊繫著因果關係鏈。痛苦和愉悅掌控著我們的所作所為、所思所想，但我們為了擺脫它們而做的一切努力，只會一再顯明並證實我們臣服於這兩者。簡言之，一個人可能會假裝背棄帝國，實際上卻始終服從於帝國。效益原則承認人們受到痛苦和愉悅所支配的事實，並將此視為體制的基礎，目的在於用理性與法律之手支撐起幸福的社會結構。⑦

效益原則（principle of utility）以愉悅和痛苦開始，亦以這兩者作結。值得注意的是，讓人類落入這般處境的是「大自然」，而非上帝。「愉悅」是唯一的善，「痛苦」是唯一的惡，沒有所謂的原罪。邊沁認為，人的一生是愉悅與痛苦的總和，個體必須竭盡所能地使生活中的愉悅大於痛苦，否則生命就會受到苦痛與折磨所主宰，而這將會是最悲慘的人生。

目前有兩種不同的享樂主義（或稱利己主義）：心理享樂主義（psychological hedonism）、倫理享樂主義（ethical hedonism）。心理享樂主義認為，所有動機都是為了獲得愉悅感所帶來的好處。也就是說，我做出的每一個選擇背後，都是因為我相信這麼做會讓我感到愉快。我早上喝咖啡，是因為我覺得咖啡因在體內奔流的感覺很棒；我運動，是因為我相信自己會體驗到暖身所帶來的愉悅感、運動時的興奮感，以及運動後的滿足感。另一方面，倫理享樂主義認為，追求愉悅是最好、最高層次的善，唯有能產生愉悅、避免痛苦的行動，才是正確或有益的。倫理享樂主義更進一步以「從做正確的事中得到愉悅感」的概念為本，發展出一種道德理論。若愉悅感是目標（愉悅是全人類的目標），那麼「追求愉悅」永遠為善。

邊沁的主張是關於盡可能地累積愉悅，並依據強弱度（intensity）、持續度（duration）、確定性（certainty/uncertainty）和遠近性（propinquity/remoteness）這四個標準，來為愉悅分類。後來，他又增加了兩個標準，一為豐富性（fecundity），指同類感覺伴隨而來的可能性；二為純粹性（purity），指相反的感覺不會伴隨而來的可能性。⑧一個人愈快樂，生活就愈美好。這聽起來有點享樂主義的味道，許多人也確實這麼相信。

邊沁的好友約翰．史都華．彌爾（John Stuart Mill）對邊沁的理論提出補充，認為「智識愉悅」（intellectual pleasures）比低層次的愉悅更值得嚮往和追求。他談到，愉悅可能有品質高低之分；但這個看法不同於邊沁所提倡的觀點，即努力並盡量累積愉快的經驗，同時減少自身遭受的痛苦。

此外，彌爾的主張與啟蒙思想一致，認為每個人的愉悅都同等重要，而所謂的「快樂計算法」（hedonic calculus）或「愉悅計算法」（pleasure calculus），試圖用一種理性的科學方法來衡量愉悅，進而衡量「善」。對彌爾來說，愉悅即為善，亦是人類的首要目標，但智識愉悅蘊藏的「善」更勝於肉體愉悅。善和美德，直接與心靈和智識愉悅（學習、閱讀與理解）連結在一起，而非連結肉體上的愉悅。肉體只能產生低層次的愉悅，而飲食屬於肉體的一部分，因此無法體現美德。

彌爾的效益原則主張，「行動若傾向於促進幸福，就是正確的；若傾向於造成不幸，就是錯誤的。所謂的幸福，是指人們所企求的愉悅和沒有痛苦；所謂的不幸，是指痛苦和缺乏愉悅。」⑨根據彌爾的看法，「愉悅」和「沒有痛苦」是本質即為善的唯一事物。他還使用了一個後來很知名卻充滿爭議的對比，來闡述這個觀點。他說，很明顯的，有些愉悅比其他愉悅更好，選擇低層次愉悅而非高層次愉悅，就像選擇當動物而非當人。

彌爾的措辭很直接，他表示：「當一個不滿足的人，好過當一隻滿足的豬；當不滿足的蘇格拉底，好過當滿足的傻瓜。」⑩他的論點（或單純比喻）指出了高層次與低層次的愉悅應該有清楚的區別，沒有人會選擇當動物或傻瓜，而放棄高層次愉悅。

高層次愉悅包含了由視覺和聽覺所帶來的智識愉悅，以及來自關注沉思、理解與高階知識所帶來的愉悅。我在就讀研究所時，必須學古希臘文，當時我很確定自己永遠無法理解這門語文，但我知道自己的記憶力很好，打算靠死背撐過這兩年，不在乎自己是否能理解。然而，我在背古希臘文的過程中，逐漸了解它，最後不費吹灰之力就能讀懂（當然是在大量的死記硬背之後）。我在研讀幾何學時也有類似的感覺，不過這段記憶比較模糊一點。

努力理解事物、讀完一部長篇小說、修完一門自己感興趣並認真學習的課，這些都屬於智識愉悅。彌爾所謂的高層次愉悅，就是這種滿足感。低層次愉悅則與有形物質有關，觸覺、味覺和嗅覺都要仰賴肉體，也需要靠近物體才能發揮作用。

彌爾表示，人們之所以選擇低層次而非高層次的愉悅，純粹是因為他們不知道高層次愉悅的存在；高層次愉悅能持續更久，而且似乎取之不盡，用之不竭。他還說：

一個有修養的心靈——我所指的並不是哲學家，而是任何一個知識之泉已經打開，接受了可承受之程度的教育，得以行使其能力的心靈——能在周遭的事物中，包括天地自然、藝術成就、詩歌想像、歷史事件，以及人類的過去、現在和未來前景等，找到無窮無盡的興趣來源。⑪

換句話說，聰明的人能找到自己感興趣的事物並投入其中。有些愉悅比其他愉悅更令人渴望或是更強烈，而愉悅愈美好，所帶來的好處（善）就愈多。依據彌爾的觀點，愉悅即為善；比起低層次愉悅，智識愉悅蘊含的「善」層次更高。不過，這也帶出一個問題：肉體被視為人類最低層次的部分，甚至與惡行或邪惡相連結，我們開始將心靈與善劃上等號，替肉體貼上惡的標籤。

到目前為止，彌爾的理論以直覺來看有其道理。他提出一個無人能否定的二分法。我想當豬還是人？當然是人。我會不會有時沉迷於所謂的低層次愉悅而非高層次愉悅？會，每個人都會。這種極端的二分法其實在理論上無法執行，因為現實生活中，人們有時的確會耽溺於肉體上的愉悅，像是我晚上會吃餅乾，甚至吃冰淇淋等等。即便我決定在睡前狂吃冰淇淋而非研讀哲學，這些肉體的愉悅也不會讓我變成非人的動物。

最明顯的證據是，以世界人口來看，只有極少數人是學術界人士和著重心靈生活的人；

更進一步的證據則是，許多人體重過重、有藥物服用過量和酗酒的問題、性成癮比例逐漸攀升等各種事實。雖然大家都知道抽菸不好，許多人卻依然故我，可能是為了短暫提神，或是用來抑制食欲。大多數人做的事都屬於肉體上的愉悅，而非智識上的愉悅，就連那些完全明白有更高層次愉悅存在的人也一樣。但我們還是人類。

很多人甚至選擇早死（無論是有意或無意），而不是改變飲食習慣，像是放棄吃肉類、高油、高糖之類的食物，因為他們就喜愛這樣吃，也喜歡特定食物帶給他們的感覺。儘管過度攝取肉類有害身體健康，還是有不少人拒絕成為素食主義者。面對工廠化農業與集約畜牧業對環境造成的危害，人們最常給出的理由是「可是它很好吃」。

相關研究已經清楚表明，肉類並非人類生存的必要元素，我們並不需要吃那麼多肉，可是我們對肉類的喜愛，強烈到願意接受（或暫時忽略）肉食所造成的認知失調（cognitive dissonance，註：指心中有兩種矛盾的認知）。對許多人而言，吃肉帶來的愉悅感，多到值得讓人忍受痛苦。但這種行為並不會讓我們變成非人的動物或傻瓜，因為我們會在自己追求的愉悅之間找到平衡：我們吃愛吃的食物，學習有興趣的事物，並且利用最能帶來愉悅的飲食與人事物，來充實生活。

吃肉、晚上大啖冰淇淋，以及肢體觸摸、性愛、小酌，甚至躺在沙發上看電視，所帶給身體的撫慰與舒適感，都是肉體上的愉悅。我們不能沒有它們。但彌爾的看法是，人們必須尋求智識愉悅才能獲得真正的幸福；純粹追求肉體上的歡愉，無法讓我們活出最豐盛的人生。身為人類，代表我們也需要心智上的刺激。

我認為，這個觀點的部分問題在於嚴格區別了肉體愉悅與智識愉悅，因為在我看來，這兩者之間並沒有明確的分野。不過，痛苦似乎比較容易描述。一旦有東西砸到我的腳趾，我就會感到那裡一陣劇痛，不必費心尋找確切的疼痛位置。當我頭痛時，就算疼痛感沒有集中在同一處，但我起碼知道痛的地方是頭而不是手。如果我感冒了，疼痛感或許會遍及全身，但依舊是肉體上的痛。

然而，若是深陷悲傷或擔心自身的財務狀況，就不是肉體上的痛楚，而是存在性痛苦（existential pains），甚或是智性痛苦（intellectual pains）。這類痛苦是對理解的判斷、對損失的評估，屬於心理而非生理的苦楚，但肉體可能也會感受到這些痛苦所帶來的影響。情緒低落時，我可能會無緣無故地變得筋疲力盡，甚至改變日常生活習慣，例如停止運動，進而影響到身體狀況。因此，生理上的痛苦可能比心理上的痛苦更容易察覺，但這兩者並非緊密交纏一事仍有待釐清。

愉悅感就沒那麼好界定了。充滿愛意的撫觸或撓背所引發的愉悅感，位置都很明確，但大多數愉悅並非如此，就連肉體上的愉悅也不例外。我熱愛運動，因為我喜歡努力鍛鍊身體、流汗、心跳加速的感覺，而且在運動過後，我一整天的心情都很舒暢。我喜歡吃自己愛吃的食物，不光是因為它們的口感或味道，還有它們的效果。我喜歡糖、咖啡因和酒精帶給我的感覺，不只是喜歡它們吃起來的滋味或是能替我減輕飢餓感。

肉體上的生理疼痛往往比愉悅更加明確。愉悅和痛苦只有在極有限的意義下才會彼此對立。肉體的愉悅比痛苦更無固定的形式。因此，當肉體同時感覺到愉悅與痛苦時，其實會把兩者合一並放大愉悅感。由於我們具有身體，而身體和心靈是相互交融的，如果我們以身心分離的眼光來看待事物，其實無濟於事。此外，如果我們認為身體是以同樣的方式在感受愉悅和痛苦，也同樣無濟於事。這種看法會導致另一個錯誤觀念，也就是肉體痛苦與智性痛苦這兩者，就類似於肉體愉悅和智識愉悅，此外，如果我們能制訂出一個定量評估工具，就可以推算出將愉悅最大化、痛苦最小化的最佳方法。不過，在我看來，人類的幸福（遑論人類的良善）並不是那麼簡單的事。

這段歷史在告訴我們，「愉悅感」很難定義，但它似乎是人類經驗不可或缺的一部分，因此必須加以解釋。然而，我們重視愉悅感嗎？或是貶低它？我們把它視為次要問題嗎？或是坦白承認我們就是喜歡愉悅感，這是人類的天性？一旦承認了最後這一點，我們就能翻轉完全仰賴視覺來探知事物的模式，以及心靈凌駕於身體且能自主決定的觀念。

如果我們要探究味覺和愉悅感，重點就在於舌頭和肉體。想想看，飲食與依偎不僅是身體行為，也會影響到心靈，我們是用人際關係來餵養（字面上的意思）和滋養心靈。

飲食的確讓我們與周遭世界產生連結，因為我們是將外物攝入體內。飲食也讓我們與其他人產生連結，因為我們不是單憑己力來生產及製備所有食物。吃東西不只能填飽肚子，還能帶給人們愉悅感，例如烹煮美食、想起童年最愛的食物，以及品嚐優質料理或食材等各種滿足感。

此外，在品嚐的同時，我們也了解到自己吃的是什麼，像是這道菜用了哪些食材、做得又有多美味等。品嚐的愉悅來自於感受其風味和口感，而這只要稍加留意就能體會到，也就是放慢步調，細細品嚐，專注於唇舌間的感受。這種鑑賞所帶來的愉悅感，完全不同於緩解飢餓的愉悅感，只不過，進食與品嚐這兩種活動是密不可分的。

肉體、心靈與情緒的愉悅

「愉悅」經常被概括為「感覺良好」，而大多數人對愉悅的理解都是從對痛苦（愉悅的反面）的理解延伸而來。有些痛苦比較明確和具體，局部性較高，但隨著痛苦減輕，個人在情緒、心靈甚或肉體上感到快樂時，愉悅就會偷偷溜進來。

然而，一旦脫離了實際的例子，愉悅的概念其實很模糊，廣泛到足以消弭心靈、情緒與肉體之間的差距。一想到心愛的人、滑雪或是吃巧克力，都能讓我感到愉快。但這些事之間有什麼共同點？此外，我們也會感受到視覺愉悅、聽覺愉悅，以及嗅覺、味覺和觸覺上的愉悅。我們很難去解釋自己經歷過的各種愉悅感受，而且其他人可能不喜歡那些令我愉悅的事物，這其中有非常主觀的因素。我知道有些人喜歡吃甜菜根，但我完全不喜歡。看來，愉悅經驗或許跟人類經驗本身一樣種類繁多。

讓愉悅的概念難以理解的另一個原因，就是許多愉悅都是肉體上的感受。也就是說，感官愉悅是先經由肉體感知，再進行心智處理、記憶或口頭表達。有趣的是，我們往往使用「感官愉悅」一詞，而非「肉體愉悅」，但事實上，比起視覺和聽覺，愉悅感與觸覺、味覺等身體感官的關聯較為密切。若是從想法、概念、心理態度和信念、應當如何等面向，來解釋愉悅感，似乎比較容易，但愉悅感無法被簡單歸類，也不能被排除在這些範疇之外。

英國哲學家羅傑・史克魯頓認為，智識愉悅和感官愉悅之間有顯著的差異，「智識愉悅並不像感官愉悅那麼直接，它仰賴於思考過程，也受到思考過程的影響。」⑫他提到，我們在聽詩歌朗誦或交響樂時，愉悅感並非來自於聽見那些詩句或音樂，而是我們賦予這些感覺的意義。我們可以從藝術中獲得智識愉悅，但這種愉悅源自意義與解釋，而非原始的感官輸入。另一方面，感官愉悅不會受到思考活動的影響，我們只要單純感受它就好。比方說，我們無須解釋觸摸帶來的愉悅感，因為我們就是感覺到觸摸，也喜歡觸摸。性愉悅比聽音樂或欣賞畫作更貼近感官（或肉體），此處我們再次以客體（對象）的特性及其與肉體接近的程度，來區分愉悅感。史克魯頓指出，雖然人們在體驗愉悅感時難免會參雜思考活動，還是可以對「智識愉悅」和「感官愉悅」進行有意義的區別。

然而，這種二分法本身讓我有點擔憂，因為它暗示了「智識」與「感官」分屬於兩個領域，各自描繪出截然不同的經驗，而且可能彼此互斥。史克魯頓解釋道，這種區別在於思考活動的內在連結和外在連結。他表示，感官愉悅與思考活動之間只有外在的偶然連結，智識愉悅則有內在或本質上的連結。當一個人吃到美味料理時會感到愉悅，但了解餐點的製備過程或食材來源，則能進一步提升這種愉悅感。

對史克魯頓來說，飲食只是感官經驗，而思考食物來源、探知烹飪的技藝，或許才是愉悅之所在。但我不太同意這樣的看法。就前述的例子而言，也許智識愉悅和感官愉悅兩者皆有，我不認為可以將之簡化成智識愉悅，或是把感官的重要性降到最低而不去考慮這個因素。

哲學家芭芭拉・薩維多夫（Barbara Savedoff）對這種區分方式也有所疑慮。她認為史克魯頓的二分法「沒有約束力」，而且所有愉悅感都脫離不了思考活動，就連感官愉悅也不例外。她主張，世界上不存在純粹且無須以思考活動為中介的感覺。[13]美國知名哲學家丹尼爾・丹尼特（Daniel Dennett）可能會將兩者分為「生（raw）的感受與烹煮過（cooked）的感受」。但是，不同於資料，感受多少都有點「烹煮過」。

芭芭拉・薩維多夫以藝術作品為例，「我們不但要認識到眼前的客體（對象）是藝術品而非自然界的事物，更要知道它是哪種類型的藝術，才能體驗到該作品帶來的愉悅感。這種愉悅感仰賴於我們沒有將它誤以為是風景或攝影作品。」[14]她還說，這個理論也適用於其他類型的感官愉悅。我們要把巧克力慕斯視為慕斯，而不是布丁，才能充分享受或鑑賞它的美味。梨子就是梨子，不能把它當成蘋果來看，因為愉悅感有一部分是來自於感官體驗的客體。薩維多夫解釋，「食物帶來的愉悅感，取決於我們對該食物的認知，一如畫作帶來的愉悅感，取決於我們對該幅畫的認知。」⑮

在此我要補充，世界上不存在無須以心靈為中介的感官愉悅，也不存在純粹且非感官所引起的智識愉悅。我們經常將身體、感官、心智甚至欲望分開來看待，但它們並非獨立存在。愉悅有很多種類，不過它們不能簡單地用感官和智識，或是身體和心靈來分類。這些二分法源自於哲學界長期以來對身心概念的探究，總是傾向於貶低任何與肉體有關的事物，並且崇尚心靈。

食物清教主義

縱觀歷史，政府及各宗教都認為有必要規範、控制和盡量減少人們對愉悅感的享受，尤其是涉及性、飲食與酒精的事物。為什麼他們認為有必要這麼做？首先，這是因為「體驗愉悅」和「體驗過多愉悅」之間的界線模糊不清。太多的肉體愉悅感，可能會導致酒醉、暴食、成癮、失控、失去理智，以及其他使人難以見容於公民社會的行為。然而，並不是所有感官都會有放縱的情況。一個人不太可能過度沉迷於欣賞畫作或是聆聽交響樂（不過，同為視覺愉悅的色情或暴力就不一樣了）。縱欲過度往往和觸覺有關，例如性和飲食都是，但重點不在於性交或飲食這類身體活動，而是需索無度、超出健康範圍的那份渴求。

天主教會訓導世人，壓抑欲望是一種美德，因為我們只應渴慕上帝。若一個人過度渴望性、飲食、酒精或金錢，表示他並未專注在唯有上帝才能帶來的那種愉悅感。亞當和夏娃沒有遵從上帝的吩咐，吃了伊甸園中央那棵樹的果實（通常指稱為蘋果，但書中並未明確寫出這是什麼果實。詳見《聖經・創世記》第三章第一到第十三節），這顆果實讓他們開始對自己的身體有了自我意識與自我覺察的能力，而蘋果（或一般通稱的「禁果」）從此成為基督教傳統中關於知識、誘惑、罪惡與人類墮落的象徵。

亞當和夏娃可以吃伊甸園裡的所有果實，唯獨不能吃中央那棵樹結出的果實。他們吃了不能吃的東西，而且並非出於必要，因為園裡還有其他果實。「過度」是指超出自然或正常範圍，多過於實際所需，而這就是亞當和夏娃吃下禁果所犯的罪。要清楚劃定「足夠」與「過多」之間的界線似乎不太可能，但在亞當和夏娃的故事中，這條線非常清楚。他們明明不需要吃那棵樹上的果實，卻還是吃了。這個故事讓飲食從此成為縱欲過度的絕佳例子，但在大多數情況下，這條界線並不像故事中那麼清楚。我們必須小心地留意愉悅與放縱之間的差異。到底多少食物才算是過多？這通常很難有個確切的答案。

純粹為健康而吃的愉悅，忽略了太多充滿人性色彩的事物，例如分享、烹飪、家庭、慶祝活動、社群和撫慰等。考慮到種植作物、收成與製備菜餚所需投入的大量工作，飲食以極為深刻的方式將我們與他人聯繫在一起。家人團聚用餐有助於建立與維持家庭關係，一起用餐也是商業合作與戀愛約會常見的活動。將飲食局限於健康（以及將性交局限於生育）是非常短視的心態，因為飲食行為不僅能帶給人們各式各樣的體驗，更能幫助人們與周遭的物質世界和社群裡的人進行有意義的互動。

丹麥作家伊莎・丹尼森（Isak Dinesen）的短篇小說〈芭比的盛宴〉（Babette’s Feast）於

一九五八年出版，之後由丹麥導演蓋布里・亞塞爾（Gabriel Axel）改編，拍成極具代表性的美食電影。故事裡的鎮民受到路德教派的影響，壓抑了飲食等各方面的愉悅；這個嚴格奉行禁欲主義的小鎮，將抑制愉悅視為一種對宗教虔誠的表現。

這個故事發生在十九世紀中葉，來自法國的芭比在朋友的協助下，逃到這座偏僻的挪威小鎮避難。她的朋友認識鎮上的一對姊妹——瑪汀（Martine）與菲莉帕（Philippa），這兩人分別以宗教改革先驅馬丁・路德（Martin Luther）及其好友菲利普・梅蘭希通（Philip Melanchthon）的名字來命名。這對姊妹過著虔誠的生活，克制各種奢侈的享受。芭比依照她們的要求，替兩人準備簡單的餐點，大多是鱈魚片、麵包和啤酒濃湯（ale soup）。

這對姊妹向芭比解釋，「她們很窮，豐盛奢侈的飲食對她們而言形同罪過。她們必須盡量吃得簡單。」⑯飲食、衣著、氣味、景色，全都單調且無生氣。然而，芭比做了其他鎮民不敢做的事，將這對姊妹的小屋窗戶洗刷乾淨，讓陽光透進來，這令瑪汀和菲莉帕非常震驚。對她們來說，簡樸刻苦不只是一種生活方式，更是一種美德和驕傲。她們選擇過這種虔誠的生活，是為了榮耀已故的父親，因為他以滿滿的愛照顧兩人及整個小鎮。

芭比和這對姊妹一起生活了十五年。有一天，她幸運地中了法國彩券的獎項，贏了一些錢。她詢問瑪汀和菲莉帕，可不可以讓她用這筆錢來宴請大家，慶祝她們父親的百歲冥誕？

於是，芭比舉辦了一場道地的法式美食饗宴，餐桌上的味道、口感、食材和飲料，都是鎮民未曾體驗過的。

這對姊妹和其他客人都發誓，在席間只會聊天氣，絕對不聊食物。一位參與晚宴的賓客在上菜前承認，要管好自己的舌頭真的很難，還說舌頭「是難以控制的魔鬼，盛滿致命的毒藥」。⑰他在芭比準備料理時告訴其他客人，我們應該「洗滌舌尖的滋味，淨化感官的愉悅和厭惡，好好守護這些感官，只用來讚美和感謝上帝」。⑱由於舌頭除了味覺之外也有言語的功能，這些賓客打算繼續否認晚宴帶來的愉悅，寧願堅守禁欲主義，也不願意享受菜餚帶來的愉悅。

但他們的弱點被攻破了。這些菜餚如此美味，勝過他們之前吃過的所有食物。美酒令人酣醉，席間充滿歡笑、寬恕和喜悅。一道又一道料理讓賓客彼此相繫，一同回憶過往，甚至重新點燃了幾簇浪漫的火花。這些佳餚顛覆了眾人的體驗，讓他們開始重新思考，食物的滋味、高超的廚藝與餐桌上的情誼，能為生活帶來什麼樣的可能性。最後，「他們意識到，應該完全忘卻並徹底拋開以正確態度來飲食的所有觀念」。⑲眾人因美食而歡欣。美食促進了人際之間的聯繫，而這是他們過去堅守的乏味飲食所無法帶來的。芭比讓眾人明白了，如何在不失去信仰的情況下提升感官知能。

這部電影成為饕客與美食家心目中的經典，因為片中清楚且深刻描繪了禁欲苦行有時會讓人偏離目標。虔誠不在於單調乏味的生活，而是在於專注正確的事物。芭比發揮精湛的技藝，將平淡的食材轉化為美味的料理，讓大家知道日常飲食也能充滿樂趣。事實上，芭比不只在那場特別的晚宴上這麼做，而是天天如此。她替這對姊妹下廚，準備超乎她們想像的菜餚，當作送給她們的禮物。那一晚的大餐不是放縱，而是細心體貼、精緻巧妙的美味饗宴，甚至可以說是藝術品。芭比透過飲食，為瑪汀和菲莉帕付出最好的自己。

我們為什麼需要教會、政府或其他人來告訴我們何謂節制？美國政府每隔幾年就會公布「飲食金字塔」（現已改為餐盤造型）做為國人健康飲食指南，建議大家要吃及不吃哪幾類食物。遺憾的是，這些建議經常隨著當前的營養科學趨勢，以及各個食品業遊說團體的影響力（特別是牛肉與牛乳產業）而改變。另外，健康保險產業也提出身體質量指數（Body Mass Index, BMI）的概念，我們可以從個人的身高計算出健康的體重範圍。[20]

不過，這些都是用現代方法來回應一個古老的問題：控制人類的愉悅感。只要世界上存在宗教和政府，就一定會有人關注並處理這項議題。柏拉圖認為，靈魂深處的欲望必須由理性來管理。[21]而後，亞里斯多德主張，靈魂同時具有理性和非理性的面向，但肉體依舊是由理性的靈魂來支配。早期基督徒的思想影響力比古代先哲更加深遠，他們認為，愉悅屬於肉體物質層次，需要以某種形式的紀律來約束。這種情況下的「愉悅」，通常與飲食愉悅有所關聯。中世紀時期，歐洲各地許多修道院修士僅少量進食，而且大多是吃粗茶淡飯，有些神職人員更會藉由自我鞭笞等苦行來懲罰自己的身體。這類克己的行為，尤其是禁止飲食與性這兩種能帶來強烈愉悅感的人類活動，在早期教會中都有嚴謹的規範。

女性禁食的現象比男性更普遍。厭食（anorexia），或歷史學家魯道夫・貝爾（Rudolph Bell）筆下的「神聖厭食」（holy anorexia），是中世紀早期女性聖徒（或稱聖女）中一種相對常見的日常操練，例如西恩納的聖加大利納（St Catherine of Siena）與亞西西的聖嘉勒（St Clare of Assisi）都以禁食克己而聞名，修道成果從她們骨瘦如柴的身軀便可以看得出來。無愉悅感的生活（在此例為飲食上的愉悅）就是她們為上帝奉獻的證明。正如貝爾所寫的，「做上帝的僕人，就是不做人的僕人。抹除痛苦、疲倦、性欲、飢餓等人類的感覺，就是做自己的主人。」㉒

時至今日，許多女性仍將食物剝奪視為一種美德。上百萬名女性（主要是上層與中產階級白人女性，但不限於此）每天都在剝奪自己的飲食愉悅與飽足感，但這不是對上帝的奉獻，而是對身體的控制。如今，纖瘦苗條成了女人能夠抵抗眼前日常誘惑的象徵，愈是自制，品德愈高；體重過重代表屈服於這些誘惑，因此品德較低。

然而，我們不該以身材外貌來判斷一個人的品德。美德（與惡行）是一種靈魂狀態和行為習慣。忍住不吃餅乾，並不會讓人成為善良的好人。事實上，比起剝奪所有愉悅感，適量享受甜食或許能讓生活變得更美好。

當我在大學的餐廳裡以一大碗沙拉當作午餐時，經常聽見教職同仁的讚美，他們都會說「妳好棒」或「妳真了不起」（其實我只是很高興自己不必動手切那麼多蔬菜）。但只要我瞥見有人在午餐後吃甜點，對方就會找藉口或理由來解釋為什麼自己可以吃，通常都是他們剛去過健身房或是等一下要去健身房，他們會用運動來消耗這些吃進去的熱量。有時，他們似乎是為了之後的享受和愉悅，刻意地將痛苦強加在自己身上。

我們經常在言談之間替食物貼上好、壞、罪過、美德或邪惡的標籤，頻率高得驚人。這種飲食道德化的現象形成了一種社會強制力，鼓吹大家不應該享受飲食，而是必須用運動或挨餓的方式來懲罰自己吃了東西，而一個人的美德或墮落程度，與他對食物的自制力有關。這樣的觀念讓我們無法與食物建立起健康的關係。

當然，平衡很重要，但若一個文化以不健康的方式替食物套上道德訓誡，那麼孩童在成長過程中就不可能抱著健康的心態來看待烹飪和飲食。飲食愈來愈不受重視，至少在美國的情況是如此：許多父母只有最基本的烹飪技能，完全不清楚食物來源，再加上包裝食品、加工食品和速食泛濫，以及長時間的工作，以致他們無法投入時間和心力跟家人一起下廚。

在美國，超重與肥胖人口一直居高不下，另一方面，刻意挨餓、暴飲暴食後再催吐等飲食障礙，也是很嚴重的問題。為什麼我們的社會同時有超重和營養不良的情況呢？這正是飲食文化失調的結果。

除了替食物添加道德元素之外，許多人還會因為吃東西而感到罪惡。「罪惡的愉悅」（guilty pleasures）是一種價值判斷，暗示我們必須對某些類型的愉悅感到愧疚。一般來說，這類愉悅指的是那些不受重視、被認為沒什麼滋養性的飲食或娛樂所帶來的感受，要是被別人知道，當事者可能會覺得很丟臉、很羞愧。由此可見，社會對「罪惡的愉悅」具有共同概念，而這個事實代表了人們會對許多種類的愉悅感心生愧疚。

罪惡感是一種道德感受，讓人覺得自己在做不該做的事，擁有不該擁有的東西。冰淇淋似乎是最受歡迎的罪惡愉悅之一。它幾乎不含什麼營養，還有很高的糖分和脂肪量，卻又極其美味。根據國際乳製品協會（International Dairy Foods Association, IDFA）的統計，美國人平均每年吃掉大約十·四公斤的冰淇淋。[23] 冰淇淋顯然能帶給我們愉悅感，但我們有必要將它與罪惡感或道德敗壞聯想在一起嗎？或許，只要冰淇淋不會造成身體上的傷害，我們就不必因為享用它的滋味而感到愧疚，然而，長久以來，人們已經習慣將帶來愉悅感的事物與罪惡感連結在一起。如果我們將沙拉與美德相連，將冰淇淋與惡行相繫，等於是將肉體上的愉悅（特別是飲食）與道德上的讚美和譴責綁在一起。

愉悅感永遠無法贏得這場戰役，但我認為這場仗根本不用打。我們應該好好享受飲食的樂趣，不只是因為食物能減輕飢餓感，也因為我們能從中品嚐到豐富的選擇、質地、口感、組合與文化。食物不僅能滋養身體，更能滋養心靈和想像力；我們也可以透過飲食，以獨特的方式來了解這個世界。我們不應閃躲或回避在飲食中尋得愉悅，這是需要培養並尊重的獨特人性表現。

身體、動物與健康

這裡所談的是身體與心靈之間的對立，但這兩者是否真的各自獨立，仍有待釐清。人類的本質不只是心靈或抽象概念，也不只是唯我意識。我們同時由心靈與身體造就而成。我們的身體遊走於世界，與其他人接觸，甚至發展出親密的肉體關係；我們飲食、睡覺、成長、排泄、移動、死亡，還有生養後代！生孩子是我這輩子做過的感受最深刻的事。我餵養體內的另外兩個生命（我懷的是雙胞胎），直到那些小小的身軀得以脫離母體自立，然後持續長大，成為獨立的實體，現在身高跟我差不多。

人類是具備身體的存在，也就是說，心靈包含在身體（或大腦）裡，內心所有思緒都是透過身體來表達，例如書寫、言談和肢體語言。無論大腦想要我們做什麼，都會「叫」身體去做，像是做出特定的動作、說出特定的話語等等。大腦一旦失去了身體，就無法表達任何想法。

人類這個物種，因為具有心智能力，才能夠在身體上有所表現。但出於某種原因，人們總是把這兩者視為不同的特質來討論。對愉悅感進行完整的探討，能讓我們對體驗有一致的解釋。愉悅不僅是觸覺、味覺或肉體上的，而是對於特定情況的評價，表示這個體驗是令人愉悅，而且這會形成回饋迴路（feedback loop），讓人希望這種體驗能持續下去。我和丈夫外出時，很喜歡他把手放在我背上的感覺，這個小動作是我和他在人群中互相連結的象徵。然而，要是由陌生人來做出同樣的舉動，非但不會帶來愉悅感，還會讓人很不舒服。在上述的情況中，對於這個體驗愉快與否，是由觸摸動作和評價一起決定的。

此外，滿足欲望通常能為人帶來愉悅感。我想要吃巧克力，或是感受糖分從舌頭淌至喉間，再流向大腦；我想要感覺丈夫的撫觸；一旦這些欲望得到了滿足，就會形成愉悅感。一個人餓了就會想吃東西，但這種欲求只是為了填飽肚子，在我看來似乎與真切正向的愉悅感不同。

人之所以為人，是因為我們同時擁有身體與心靈。但有些人主張身體不值得信賴，認為我們用來進行飲食與性愛活動的身體變化無常，一點也不可靠。身體並非穩定的存在，不僅需要持續關注、進食和睡眠，容易受傷或遭到痛苦折磨，也會成長和萎縮。另一方面，心靈持久存在，容易受到理性、信念與判斷的控制。這種身心二元對立的觀點源遠流長，但實際上事情沒這麼簡單，而且這個看法並未真正展現出人類具備身體之經驗的物理本質。

從歷史的角度來看，身體與女性的關聯較為緊密，而心靈與男性的關係較為密切。女性會經歷懷孕、分娩、哺乳，在私人領域進行大量的體力勞動，而且烹煮食物的工作也大多由女性承擔，因此一般認為，女性與身體之間的連結比男性更深。至於男性則與思想、理性和論證緊密相連。男人在公眾領域活動，執掌政府機關和賺錢。但這種觀念對兩性而言都不公平。女人很有想法，男人也會做大量的體力勞動；女人是理性的，男人也會烹飪。我們都是具備身體的人類。我們一起用餐，一起下廚，一起工作，更經常一起感受愉悅。

縱觀歷史，飲食和性一直是與身體密切相關的感官愉悅之典型例子。這兩者是人類不可或缺的原始身體愉悅，也是讓我們這個物種得以存在的兩個主要原因。飲食和性是我們與其他動物最直接的共同點，因此被稱為我們的「動物性欲望」。以這種方式來看待飲食和性，會讓人認為它們是無法控制，難以用理性或判斷來制約。飲食和性是關於身體及動物性的，儘管這是歷史上慣常採取的觀點，但它也存在著根本性的缺陷。

人類確實跟其他動物一樣會飲食和性交，但由於人類具有更高階的能力，可以反思這兩種行為，使其成為美好生活、幸福和獲得愉悅的一部分。大多數動物不會純粹為了愉悅而性交，主要是為了繁衍後代，而且如果牠們真的從性交中體驗到愉悅，也不會有長期的忠誠關係，像人類一樣養家餬口、擁有住房、為退休而儲蓄、享受假期，並與伴侶建立聯繫等等，來獲得種種愉悅。此外，大多數動物不會吃得過飽，只會吃必要的食物來維持體力。

是什麼要素使得人類有別於其他動物呢？有些人說是理性能力，也有人說是自我反思意識，或是做出道德決定的能力、語言能力及伴隨而來的抽象思維能力、進行長期規畫的能力、經歷遺憾的能力。很可能是所有這些事項，再加上其他更多事項。我對於人類與其他動物之間的區別，不是真的很感興趣，不過，確實有很多地方讓兩者截然不同，而其中最重要的能力之一，與人類烹煮和飲食的方式有關。

其他動物不會烹煮食物，不會替食物調味，也不會規畫牠們的餐食。儘管人類和其他動物都必須飲食才能生存，但所有人類共同擁有的特點是：我們會烹煮食物。這一點很重要，因為人類並沒有太多橫跨所有文化和歷史的普遍共同特徵。

當人類烹煮食物時，不僅是把它們轉變為更可食用或更易消化的食物，還能夠反映該地區於特定歷史時期的文化價值觀、地方傳統和食物種類。雖然各地的人類都會飲食，卻是以不同的方式進行，使用不同的食物和烹飪手法，對食物的態度也截然不同。人們通常都會烹煮自己喜歡的食物。富人可以吃到比窮人更新鮮、更健康、更美味且種類廣泛的食物。農村地區的人們所取得的食物，也會跟城市居民的不同。世界各地的人們對不同種類的食物，有不同的獲取途徑，而且所認為的可食用或美味的食物是非常不同的。

飲食的愉悅不僅在於盡情暴食，也不一定是盲目的享樂主義。真正的品嚐／品味，是人類與動物真正不同的地方。人類具有認知能力，可以對食物進行反思，像是想起往日吃過的食物，或是關注於味道或質地的微妙之處。有時，我們會以不同的方式關注體驗。這是連結所有人類的普遍愉悅之一。無論吃什麼樣的菜餚，在飲食中尋找愉悅的可能性，都是人類所擁有的最高等能力之一，而非最低等的能力之一。

就算人類跟動物吃一樣的食物，並不代表我們會以同樣的方式來食用。這種尋求愉悅的能力，是人類有別於動物之處。人類有能力專注於所吃的食物，辨別不同的味道和質地，並將這次的體驗與之前的餐食、味道和記憶連結起來。允許並訓練自己在飲食中感到愉悅，是人類所能做的努力之一。

西方最早的美食家尚．安瑟姆．布里亞－薩瓦蘭說：「動物進食；人類用餐；但只有聰明人才懂得飲食的藝術。」㉔這句話總結了我們對飲食的一些假設。有時，當我們感到飢餓的時候，只想要餵飽自己。有時，因為我們吃得太快了，甚至沒有好好品嚐吃進嘴裡的食物。在軍隊裡，他們稱之為「給機器投入原料」，或者比喻為替汽車加油。從這個意義上來說，食物只是燃料，就跟它在動物生活中的角色一樣。雖然人類不一定會花時間鑑賞食物，卻可以有另一種飲食方式。這就是薩瓦蘭所談論的。

品嚐食物是任何人都能做到的事。人們不一定要吃昂貴或奢侈的食物，就可以享受菜餚的味道、質地、氣味、複雜性，甚至是清脆聲響。飲食的愉悅不僅在於填飽肚子，或者緩解飢渴，而是來自許多面向，其中最主要的就是品味。布里亞－薩瓦蘭的終極目標是飲食藝術，其中包括了知識、鑑賞力和品嚐食物的能力，也可能包括了有教養的舉止和禮貌。但這不是每個人都能做到的，只有那些從小就懂得文化和禮儀，以及能夠享用需要遵守許多規矩之宴會菜餚的人。

羅傑．史克魯頓認為，這種用餐體驗是有教養的人類的最高表現之一。我們不僅一起用餐，還展示了一系列關於人類互動的最高形式的共識，包括了坐姿、說話方式、如何拿餐具、要以多快的速度吃下食物，以及準備討論的話題等。根據史克魯頓的看法，一場正統的宴會是最高文明的典範，因為這需要道德、社會和美食知識才能完美進行；它也應該是人類最高等的愉悅之一，因為我們對它的鑑賞具有複雜的性質。

在飲食中尋得愉悅，也可以展現我們的人性。這也就是說，若要成為真正的人類，必須充分利用人性的各個面向，才能讓我們有別於其他動物。飲食和享受食物就是其中之一。在四千年前寫成的《吉爾伽美什》（*Gilgamesh*）史詩中，吉爾伽美什的朋友恩迪庫（Endiku，另有版本為Enkidu）原本是野人，直到他發現島上有「吃麵包的人」，他們會種植小麥，並對小麥進行加工，將其烤成麵包。在此之前，恩迪庫生活在荒野中，像草食動物一樣吃草喝水，直到沙姆哈特（Shamhat）把他帶到島上，他才有機會品嚐麵包和啤酒（結果他很愛喝啤酒！）他在食用了經由人們耕種和烹煮的食物之後，才被認為是真正的人類。

當然，麵包、啤酒和整個農業革命，造就了我們所知的人類，但在恩迪庫的故事中，麵包是從自然到文化、從動物到人類、從野生到民用的特定轉折點。麵包是文明的象徵，如果一個社群想要做麵包，就必須種植農作物、收割穀物、製作麵粉，然後烘焙麵包（這需要有持續的烘烤熱源）。恩迪庫對這種文化的「發現」，代表著他了解並接受了文明文化、城市社群，以及將製備食物納入長期計畫的能力。

有些人認為，農業的發明改變了人類發展的軌跡。農業以一種其他事物無法比擬的方式，把我們跟土地綁在一起。從哲學的角度來看，它代表了人類透過食物相互聯繫的方式發生了變化。人們需要規畫餐食、分配工作，並且建立社群。

審美的健康態度

由於人類不是完全理性的，也不一定會做出最符合健康的正確選擇，所以有時味覺愉悅也可能是我們的失敗。我們吃得太多，也會吃對身體不好的食物，可能的原因是我們享受這些食物。美學評論家凱文·梅奇奧尼（Kevin Melchionne）提出了一種方法，讓我們了解如何識別那些能夠創造最大愉悅的事物，從而培養品味。他概述了一個名為「審美的健康態度」（aesthetic health，又譯健康的審美經驗心理）的理論，有助於識別和談論「個人的審美愉悅和喜好」。[25]

為了確定自己的喜好，人們必須找出愉悅的來源，這代表著要以開放的態度面對世界在美感愉悅方面所提供的各種體驗。在透過食物了解自己的喜好時，人們不僅知道自己喜歡什麼，而且是在經歷過其他事物後仍喜歡它。梅奇奧尼解釋道，審美的健康態度可以「朝著兩個方向發展：擴展和精煉」。[26]這意味著刻意地尋求「新的經驗，或是在過去的成功基礎上創造新的變化」。[27]

梅奇奧尼以美食家為例，這類人會尋找新的香料、調味品或農產品，以便嘗試新食譜。虛榮者則與審美健康的人相反，只會吃自己知道的食物，堅持「維持一種價值等級，而不是探索世界所能提供的食物，他們堅持這種或那種義大利葡萄酒或法國乳酪的優越性，就好像審美的健康態度取決於他們所保證的那種清晰判斷」。㉘虛榮者專注於品牌以獲得認可，而不是願意嘗試各式各樣的食物，並藉此識別且清楚地說出自己享受此愉悅的原因。

伴隨著食物而來的愉悅，會因為文化、家庭、地理和接觸等多種因素而提高。如果一個人在選擇吃什麼時，排除了愉悅這個因素，就愈來愈難感受到與飲食相關的愉悅體驗。許多人在面對愈來愈困難的「我應該吃什麼？」這個問題時，被各種選擇給壓垮，再加上烹飪能力急劇下降（至少在美國是如此），便決定實施一套限制選擇的規則。有些人吃素食或採行原始人飲食法（Paleo diet）；有些人不吃麩質，或是決定不吃白色的精緻食物；還有一些人嘗試各種各樣的時尚飲食法，包括排除某種食物類別，或是只吃一種特定的食物類別。這些飲食法強制執行有關飲食的社會規範，對飲食規則愈來愈嚴格，有時也會羞辱他人的飲食，但這種情況只有在沒有強烈的文化傳統會限制日常食物選擇的社會中，才可能發生。

在美國，大多數情況下，人們可以在每週的任何一天享用來自任何文化的食物。我們被食物、文化流行，以及可以在櫥櫃裡保存多年的高度加工食品淹沒，也被各種選擇淹沒。這就是為什麼幫助人們限制選項的飲食法如此吸引人，因為人類在歷史上從來沒有像現今這樣有琳瑯滿目且過量的美食可供選擇。

濃情巧克力

二〇〇〇年，雷瑟・霍斯楚（Lasse Hallström）執導了一部重要的「美食電影」——《濃情巧克力》（*Chocolat*）。這不僅是關於巧克力神奇力量的電影，還體現了人們對於食物的罪惡、愉悅的危險和其他恐懼的態度。

故事的主角是一個名叫薇安（Vianne）的女人，她在一九五九年的冬天搬到一座傳統的法國小鎮。她未婚，但有一個女兒。這座小鎮有著濃厚的宗教色彩，受到壓抑，也深深受到嚴格的鎮長雷諾（Reynaud）以及慈愛但缺乏經驗的牧師影響。

薇安可愛、開朗又大方，但不適合跟鎮上的人相處，因為她的行為不夠傳統。她帶著私生女來到鎮上，聲稱自己是順著北風旅行，而且似乎是一個擁有巧克力的煉金術士。薇安總是穿著鮮紅色的衣服，在這裡開了一家巧克力店，但許多人認為她是來引誘他們過著放縱的罪惡生活，因為她的巧克力店竟然在四旬期（Lent，又稱大齋期）之前開幕，似乎帶有腐敗城鎮文化的意圖。對這些人來說，四旬期是關於克己、保持形象，以及傳統社會習俗的嚴格規定。

薇安慢慢地發揮了魔力，與那些似乎較不傳統的女性成為朋友。由於男人們試圖控制鎮上的風氣，四周的人際關係都有著明顯的裂痕，像是虐待和忽視婚姻、對母女關係的評斷，以及鎮民與鎮長之間的緊張關係等。巧克力似乎對這一切都沒有任何幫助，但事實上卻是關鍵角色。對於每一個敢踏進店裡的好奇人士，薇安都能猜出他們最喜歡的巧克力種類，也總是利用這個機會與人們接觸，並傾聽他們的真實情況。

薇安把巧克力當作連結的工具，也用來幫忙修補她看到的一些破裂關係。阿曼黛（Armande）是一位年長的女性，親生女兒認為她的行為不得體，便跟她斷絕母女關係。喬瑟芬（Josephine）是一名受虐婦女，很難承認自己需要離開丈夫。薇安以愛、接納和巧克力來款待她們。

鎮長雷諾不想承認妻子已經離開了他，而薇安的接納是他無法應付的；對他來說，巧克力只是世界上表現出來的罪惡放縱。最終，他瘋狂地試圖摧毀薇安的巧克力店，結果嘴唇上沾了一小塊巧克力，這讓他接受了巧克力，並且失控地吃掉了所有拿得到的巧克力。復活節早上，他因為吃了含酒精的巧克力，昏睡在商店櫥窗裡。但薇安立即原諒了他，並且幫助他把自己清理乾淨，重新獲得尊嚴。

影片的高潮是那位年輕牧師在教堂進行復活節佈道，並承認自己沒有準時做好準備。他說：

我不確定今天的佈道主題應該是什麼。我想談談上帝神聖轉變的奇蹟嗎？不，我不想談論祂的神性，寧願談論祂的人性。我的意思是，祂如何在地球上生活，還有祂的善良和寬容。聽著，我是這麼想的：我認為我們不能透過自己不做什麼、否認什麼、抵制什麼以及排斥誰，來衡量自己的善良。我認為，我們必須透過擁抱什麼、創造什麼以及包容誰，來衡量善良。

他利用短短的這幾句話，就觸及了小鎮的核心。他提供的思維方式是關於積極地思考要如何當一個善良的人，而不是專注於否認和排斥。

這部電影探討了寬容和接納的問題，同時也將巧克力比喻為感知的罪惡、誘惑的形式和肉體欲望的展現。在四旬期吃巧克力，被認為是罪孽深重的事，但薇安證明了一種慈愛的方法也能帶來緩解和治癒。

巧克力（對大多數人來說）是味覺愉悅的一種形式，但它也是某些人難以克制的愉悅。如果巧克力是一種誘惑，而且會導致罪惡的行為，那麼愉悅也可以用同樣的角度來解釋。然而，巧克力和愉悅是使我們成為人類的一部分，它們融入生活之中，成為慶祝傳統、聯繫人們和展現自我的事物。身體愉悅和味覺愉悅不應該是人們需要控制或回避的體驗，生活中包含了飲食、運動、視覺和學習等面向，而這兩種愉悅可以用來平衡生活。若是不允許飲食方面的愉悅，我們似乎就錯過了人類幸福的要點。

如果人們能夠消除愉悅與身體的負面連結，愉悅將會成為具有重要價值的體驗。我們可以根據價值來選擇要吃什麼，而不是根據規則，因為規則經常被打破。我們也可以將飲食與罪惡、美德或邪惡區分開來。飲食應該是令人愉悅的，人們不應該為此而懲罰自己。但歷史上的許多觀點都影響了人們對愉悅的看法。我希望能夠為愉悅辯護，讓讀者能夠理解並積極地思考，愉悅如何幫助人們跳脫舊模式，以更具意義且積極的方式參與世界。

考慮到在飲食和品嚐中尋得愉悅的可能性，我認為，愉悅顯然不是人們必須調節或控制的事物。然而，人們受到的諸多影響都試圖導向這樣的思考，而且人們已經把這當成一種文化。關於在食物中過度尋找愉悅而產生罪惡感，其實是不必要的；考慮到正確的思考框架、適度和滿足欲望的具體體驗，「在食物中尋找愉悅」可以被視為美好生活的組成部分。巧克力並不是完美的罪惡放縱，而是味覺愉悅的頂峰，是人們可以在社群裡彼此分享的愉悅。

Chapter 3

慢食的品味

The Taste of Slow Food

人們的意識形態是由一系列無形的信念所組成的，這些信念影響著人們對世界的看法。當論及吃什麼時，人們在食物稀缺或充足，或者試圖減肥或增重的情況下，對食物的基本信念都是不同的。當人們生病或健康、富有或貧窮、年輕或年老時，對食物的看法就會不同。

在美國大部分地區，資本主義已經影響了人們對飲食和購買食物的思考方式。資本主義強調效率、低成本和高產量。當人們把它應用到食品上，就會得到看起來很像麥當勞的東西。雖然麥當勞只是眾多速食店的其中一家，但它是體現這種資本主義思維和生產模式的最早且最突出的例子之一。麥當勞的營運模式非常成功，其餐廳幾乎無所不在，其他速食連鎖店也緊隨在後。但是，麥當勞獲得成功的一個主要原因是，它對市場的意識形態，非常吻合美國人對消費的普遍看法。

資本主義鼓勵人們從商品的角度來思考一切，不過，雖然食物是可以買賣的物品，但它有一些重要的人性面向是無法商品化的。這些面向包含了品味、社群和信任，正是本章要探討的主題。重要的是，我們不應該把過往生活浪漫化為提供更多的新鮮食物，以及從零開始製備菜餚，同時也要注意別往另一個方向走太遠，並讚揚加工工業化食品。慢食運動在這兩個極端之間提供了更平衡的觀點。

基本上，「慢食」是速食的反義詞，也是快步調生活的反義詞。它既是一種意識形態，也是一種實踐方式。這是一場始於一九八六年，在義大利誕生的基層運動，當時第一家麥當勞在羅馬市的西班牙階梯（Spanish Steps）附近開業。一些關心食物和傳統的當地人，對於這家跨國公司大膽嘗試將經過消毒、工業化和標準化的食品，引入他們的烹飪領域，感到十分驚訝。這起事件已經成為慢食運動起源故事的一部分，促成了一個有組織的運動，旨在推廣一種可能丟失的食物文化和知識。

慢食主義承認傳統、地點、品質、味道、人、農業實踐和可承受度的重要性，倡導傳統的食物製備方式、傳統的有機耕作方法，並認識到種植、收穫、烹飪和飲食都必須由整個社群一起攜手努力。

值得一提的是，慢食運動還捍衛了「美食不應該昂貴」，以及「從食物的味道中獲得愉悅，是一項人權」的觀念。慢食應該是人們負擔得起，並且可以廣泛獲得的。直覺上，這些元素似乎不可能同時共存，但這正是慢食運動的倡導者在過去幾十年裡所做的，他們反對的不是全球化，而是食品和味道的標準化。

慢食運動的理念

慢食運動會在義大利展開，其實並非偶然。義大利自一八六一年之後便是一個統一的國家，但該國的北部和南部在氣候、經濟、語言（方言）和食物方面仍存在著巨大差異，而且持續至今。其中一條主要分隔線仍在南北之間，即所謂的「橄欖油－奶油」大分水嶺（南部人使用橄欖油，北部人使用奶油）。當然，這種區別不僅與口味有關，而是跟不同地區和地理位置的人們廣泛使用的烹調油脂種類有關。一位評論員說：

從十五世紀一直到十九世紀，橄欖油和奶油之間的對抗，在歐洲繪畫、文學和街頭戲劇中被賦予了生命，就像狂歡節（carnival，註：在四旬期前舉行）和四旬期之間的戰爭一樣；奶油全副武裝，率領動物脂肪和乳製品大軍投入戰爭，而它的主要競爭對手橄欖油，則帶領了鯡魚、卷心菜、麵包和其他四旬期的盟友。①

事實上，這在義大利是一個爭議性話題，代表著食物在全國各地的區域文化中造成了深刻的分歧。義大利有二十個不同的地區，全都有著截然不同的烹調手法。

許多義大利人說，沒有所謂的「義大利」食物，只有使用當地食材的不同地方菜餚。你在北部找不到太多麵食（但會找到更多的玉米和馬鈴薯），在南部找不到太多濃湯（但能找到許多檸檬和薄披薩）。當麥當勞決定進軍義大利的餐飲市場時，羅馬市民竭盡全力地組織抗議活動。他們在麥當勞外面擺了長長的桌子，煮了義大利麵，盡可能地為人們服務。這場最初的抗議活動，包含了慢食運動至今的許多價值觀：社群、大型款待餐桌、當地美食、新鮮食材，當然還有大量的葡萄酒。

最初的抗議活動成為慢食運動的種子，此運動伴隨著會議、組織品酒會、抽樣會議，以及主張「優質食物不等於美味佳餚，而是重新發現地方烹飪和傳統的味道」之宣言和明確的意識形態。

對於義大利麥當勞化的最大擔憂之一是，人們不再需要那些使用在地食材和傳統食譜的小型當地餐廳。慢食組織努力推廣在地食物和傳統烹飪手法，也嘗試在學校、花園、餐廳、會議和研究所等各種地方進行飲食教育，例如波倫佐（Pollenzo）的美食科技大學（University of Gastronomic Sciences）。他們鼓勵世界各地的慢食衛星組織舉辦主題晚宴，讚頌各種在地和祖傳的食材，舉辦教育性質的品鑑會，並參加在地食物的相關會議。

慢食組織還提倡季節性飲食、公平的勞動實踐、由栽培和烹飪食物數十年的經驗所累積的文化知識，以及消費者負擔得起且對生產者公平的價格。慢食運動者不是走上街頭抗議，或要求改變政策，而是試圖在餐桌上扭轉人們的心態。

大約在一九八〇年代中期，羅馬民眾展開抗議行動的同時，料理界開始關注米其林星星，並將「品味」理想化為一種遙遠、獨特又奢侈的事物。慢食組織正在盡最大的努力教育更多人，讓人們了解隨著四季流轉所帶來的風味變化特殊性的優點。例如，使用春天（綿羊吃新鮮青草時）產出的羊奶所製成的乳酪（來自義大利綿羊〔pecora〕），其味道不同於使用綿羊在夏末吃乾草時產出的羊奶所製成的乳酪。這種乳酪的味道在一年當中會發生變化，被認為是一種優點，因此是值得慶祝和期待的。佩科里諾（Pecorino）這種義大利綿羊乳酪，既有新鮮的軟質乳酪，也有陳年的硬質乳酪，但重要的是，這種乳酪的特色是其風味會隨著季節變化。

當然，慢食運動者也知道食物會隨著季節而急劇變化。夏季盛產的水果不同於冬季盛產的根莖蔬菜，而且食物性質的改變正好能配合人們隨著天氣愈來愈暖和或涼冷而不斷變化的飲食需求。標準化或工業化食品從來不會改變，而是為人們的味蕾提供了穩定性，無論我們身處於哪個城市，每次品嚐到的味道都是相同的。工業化食品全年供應，再加上食物大多會被運送到世界各地，使得人們忽略了一年裡不同時節盛產不同食物的變化。

慢食運動所堅持的是：以傳統方式烹煮在地食物，這是對於土地以及所有將食物端上餐桌之人們的尊重。該運動的倡導者認為，愉悅是一項人權，而且優質食物（指味道佳且對環境有益）應該是消費者能夠負擔且容易獲得的。這是一個相當重要的主張，該運動的創始者和倡導者都認為，獲得這種愉悅是很正當的，也就是說，「從飲食中獲得愉悅」是所有人都擁有的事物之一。但是，許多人沒有足夠的食物；許多人擁有足夠且品質佳的食物，卻不在意親身體驗愉悅的方式。有些人譴責身體感到愉悅的情況，從而否定自己或是讓自己挨餓。慢食運動的倡導者認為，人們唯有保留並慶祝飲食的愉悅，才能感到安心。

在慢食宣言概述的理念中，要求考慮土地、農民、廚師和飲食者。一九八九年十一月九日，「捍衛享受愉悅之權利的國際慢食運動」在巴黎的喜歌劇院（Opéra Comique）舉行第一次會議，與會代表批准的宣言內容如下：

> 二十世紀在工業文明之下展開並逐漸發展，首先發明了機器，然後把機器當作生命的模型。人們被速度所奴役，全都屈服於同一種潛伏的病毒：快步調的生活，而這種生活破壞了人們的習慣，滲透到人們家裡的隱私，並迫使人們吃速食。為了符合「智人」（*Homo*

sapiens）這個物種名稱，人類應該在淪為瀕臨滅絕的物種之前，擺脫速度的約束。「堅定地捍衛安靜的物質愉悅」是對抗愚蠢的快步調生活的唯一方法。希望適當劑量的感官愉悅，以及緩慢且持久的享受，能使我們不被那些誤以為瘋狂就是效率的大眾所感染。

我們的捍衛行動應該從餐桌上的慢食開始。人們應該重新發現地方菜色的風味和味道，並消除速食的不良影響。快步調生活以生產力的名義，改變了人們的生存方式，也威脅了人們的環境和景觀。所以，慢食是現在唯一真正進步的答案。真正的文化是關於培養品味，而不是貶低品味。還有什麼方法比在國際上交流經驗、知識和方案更好呢？慢食一定會帶來更美好的未來。慢食以小蝸牛為精神象徵，這個理念需要大量符合資格的支持者，幫忙將這個（慢）運動轉變為一個國際運動。②

這份宣言有許多訴求。它要求人們要改變經濟、生活方式，以及品嚐和重視食物的方式；也要求人們拒絕以消費主義和忙碌為象徵的快步調生活。這不是在要求政府去監管或禁止工業化食品。這是對教育的呼喚，對味道的重新評價，同時也承諾了，一旦人們擁有優質食物，其味覺將永遠改變，而且會愈來愈想要吃優質食物。

慢食主義提醒我們，愉悅是人類固有的能力，而且只要人們願意，食物就可以為其提供愉悅。更重要的是，這份宣言含蓄地反對大規模資本主義（這將會助長消費主義），以及它對人們造成的難以避免的影響。唯有人們意識到自己正轉向購物和忙碌，才能重新選擇一種不同的生活；這種生活會有較少的無意義任務，能讓家庭和社群擁有更好的關係，也讓人有一種重新連結土地和食物的感覺。

慢食主義要求食物具備「優質、純淨、公平」的條件。食物應該美味又健康。食物必須是純淨的，這代表在生產過程中不能傷害環境、種植者或消費者。食物應該是公平的，也就是消費者負擔得起，生產者亦能得到公平的工資。「優質、純淨、公平」是貫穿慢食市場和觀點的座右銘。

當然，在工業化世界裡，人們很難知道大部分的食物來自何處，但慢食主義者認為，尋找來源安全且味道良好的食物是值得努力的事，而且始終應該詢問食物來源。有許多標準化和工業化的食品，企圖營造出它們來自家庭農場而非工廠的印象，但這樣的行銷方式只是在製造一種快樂的假象，也就是食品中的肉類不是來自集約畜牧業，或是番茄不是由工資遠低於生活基本開銷的工人所採摘的。

我在教授以慢食為主題的課程，每年都會帶學生到義大利感受這場運動的實況。我們住在一座農場裡，食用新鮮烹煮的多種菜餚，盤中的不同食材都是由農場栽種的，我們還會去找幾位當地的工匠，學習關於乳酪、葡萄酒、松露、魚類、義大利麵和蜂蜜的生產流程。我們宰殺了一隻羔羊，先替羊肉調味後再烹煮它，所以我們真的知道自己吃下肚的肉是從哪裡來的。整趟經歷充滿了田園詩歌般的祥和宜人（除了宰殺羔羊的那一段）。

回到美國後，我都會盡力維持慢食主義的飲食和生活方式，盡可能到農夫市集採買，還參加烹飪課程，學習在地的一些特色菜餚。然而，這個過程就像希臘神話裡反覆把巨石推上山頂的薛西弗斯式奮戰（Sisyphean battle）那樣，永無盡頭又徒勞無功。我所取得的任何進步，都會被下一次去超市或速食店，以及所點的每一份外賣給破壞了。

這正是慢食運動所反對的：工業化食品帶來了味道的標準化，它們在每家超市、每份包裝和每次駕車旅行途中的站點，味道全都一樣。因此，局勢相當緊張。大型跨國食品公司（如雀巢或星巴克）努力生產味道完全相同的食品，無論是在美國俄亥俄州、加州或歐洲。無論你在哪裡購買奧利奧餅乾，它們的味道都是一樣的，就跟麥當勞的漢堡一樣。這種味道的一致性，為人們提供了一些舒適感，尤其是到國外旅行時，有時能準確預測自己會吃到什麼，是令人嚮往的。

然而，這種對於可預測性和一致性的渴望，造成了人們對差異的恐懼。這種情況也展現在經濟上，由於人們對工匠產品的需求愈來愈少，這類產品也就愈來愈少。技藝不再代代相傳，特色專業產品也不再生產，某些味道和風味就像物種滅絕那樣消失了。

在這種情況下，滅絕的不是一個物種，而是一種風味。由於特定的氣候變化會影響食材的生長過程，唯有能夠掌握這些知識，並且懂得平衡和調味的工匠，才能產製出具備該種風味的食物。

慢食料理通常是非常簡單的，不需要濃郁的醬汁和複雜的食譜。這道菜餚很美味，是因為它使用了優質的食材。但是在食材標準化之後，人們只會吃到一種番茄，例如，這種番茄在基因上已經被培育成不會因為運輸過程而撞傷，箱子裡的所有番茄，尺寸和顏色都完全相同。這麼做不是為了味道或質地，而是為了方便運送番茄。

如果我們只認識超市裡販售的番茄，那麼就錯失了各種不同的風味。這些番茄只是擁有番茄的外觀，卻不會像大自然中的情況一樣，具有酸味、顏色和質地的巨大變化。如果消費者不知道還有其他品種的番茄，就會習慣食用超市提供的品種，失去了培養對番茄味道的興趣，以及對番茄風味的好奇心。如果我們無法獲得祖傳的各種番茄品種，那麼對其味道的知識將會從此消失。

為了應對這種失去風味和味道的擔憂，慢食組織已經展開了名為「品味方舟」（Ark of Taste）的計畫。品味方舟讓人聯想到挪亞方舟（Noah's Ark），它致力於對傳統風味和產品進行分類，並將其從標準化的浪潮中拯救出來。品味方舟是一份名單（當然還不夠完整），試圖對特定地區的產品和生產者進行分類。這份名單存放在網路上，也發表在時事通訊上。

該組織推出品味方舟的目的，是為了保護瀕臨滅絕的食物，因為小型家庭農場正在逐漸減少，人們的消費模式也隨著工業化食品而改變，此外，氣候變遷對當地生態的影響也超出了人們的想像。由於已發展國家所生產的大部分糧食，都是在不尊重季節或生物多樣性的情況下種植的，品味方舟計畫期望能挽救在特定氣候條件下以傳統方式生產的糧食。

一九九二年，歐盟開始針對「原產地名稱保護」（Protected Designation of Origin, PDO）制定相關法規及識別標章。如果生產者要讓產品獲得「原產地名稱保護」，必須證明該產品僅使用在地食材，而且僅在當地生產。這些法規確保了那些標有「原產於某地區」的產品，實際上真的來自該地區。為了保護地區性食物的聲譽，促進工匠產品的銷售，同時避免這些產品因為消費者被誤導而遭受不公平競爭，這種監管措施是必要的。仿製品總是無所不在，但通常品質較差，味道也較粗糙。這些保護措施的適用範圍，包含了葡萄酒、特定酒莊、乳酪、醃肉、橄欖、橄欖油、麵包、啤酒、香醋、多種蔬菜品種等等。

卡羅・佩屈尼（Carlo Petrini）是慢食運動的發起人之一，也是慢食相關論述的重要作家，他曾經舉出艾斯阿格（Asiago）乳酪這個特殊的例子。通過「原產地名稱保護」認證的艾斯阿格乳酪，年產量大約是一百三十萬輪（註：此為圓形乳酪的單位名稱）。這種乳酪有一款子品項被稱為「陳年艾斯阿格」（Asiago Stravecchio，其中Stravecchio是「非常古老」之意），只會使用夏季放牧期間產出的牛奶來製造。這種牛奶充滿了花香甜味。一般來說，艾斯阿格乳酪只要熟成一個月就可以開始販售，但最好的陳年艾斯阿格乳酪必須熟成十八個月以上。不過，要是有買家的話，乳酪製造者通常會在乳酪完全熟成前就將之出售。

「品味方舟」的存在，就是為了鼓勵這種陳年乳酪的生產和銷售，並且說服買家，這種味道值得等待，也值得花錢購買。在每年生產的一百三十萬輪艾斯阿格乳酪中，大約只有一萬輪會熟成到成為陳年艾斯阿格乳酪。但是，如果消費者沒有關於陳年艾斯阿格乳酪的知識和需求，那麼生產者就沒有理由等待乳酪繼續熟成，而是會早點賣掉所有的乳酪。佩屈尼說，這種需求「會說服牧民繼續在高山上的小屋裡度過夏天；保護傳統的倫德納牛（Rendena）品種；並適當地等待乳酪熟成，而不是在乳酪還沒熟成夠久就賣給經銷商」。③要是人們沒有相關知識，就不會有這類需求，那麼這種乳酪就會被歷史遺忘。

洛克福（Roquefort）乳酪也有「原產地名稱保護」標章，是法國常見的一種藍紋乳酪。

若要貼上「洛克福」的標籤，該乳酪必須使用由拉卡恩（Lacaune）品種的綿羊所產出的羊奶來製造，並且必須放在法國南部的蘇爾宗河畔洛克福（RoquefortsurSoulzon）的康巴盧（Combalou）山區天然洞穴裡熟成。這些洞穴裡的濕度、酵母和細菌組成，在地理上是獨一無二的，因此讓洛克福乳酪擁有了其他不同環境所無法複製的獨特風味。一些研究表明，洛克福乳酪具有抗發炎的作用，可以幫助治療披衣菌引起的病症（因為它有類似青霉素的霉菌）。[4]不過，就算撇開健康益處不談，洛克福乳酪也無法在工廠或法國南部以外的任何地方生產。

當然，洛克福乳酪是最受歡迎的法國乳酪之一，人們一直試圖將大量的仿製品出售給那些無法分辨真偽的人，從中獲取暴利。一九六一年，法國法院裁定，人們可以銷售那些用羊奶製成的類似乳酪，但是，唯有在蘇爾宗河畔洛克福的洞穴中熟成的乳酪，才能夠貼上「洛克福」的標籤。特定的氣候、海拔、溫度和細菌，共同造就了一種非凡的產品，並賦予它獨特的風味。

慢食與道德義務

慢食運動聲稱，食物應該是優質、純淨和公平的，其主要目標是教育、培訓並聚集人們做好這件事。世界各地有數百個慢食運動的地方分會，還有各種會議、品酒會、市集、課程、讀書俱樂部和晚餐俱樂部，但這似乎沒有對大多數人在家或外出時的飲食方式產生重大影響。我在義大利交談過的人，大多都很熟悉慢食運動，「卡羅・佩屈尼」也是一個家喻戶曉的名字，但在義大利以外的國家卻不是如此。跨國食品公司真的能在品味方面贏得勝利，讓我們不再關心味道和地區性嗎？

身為慢食的倡導者，我希望其他人能夠相信慢食的好處，而不只是因為慢食比較經濟實惠或是更能支持當地農民。我想要「慢慢吃」的原因，是為了品味。慢食在食物、味道和地區之間創造了連結。食物的味道不應該在任何地方都一樣，因為食物本來就是跟土地和製造者連結在一起的。

然而，人們正在建立一個不具備此信念的飲食體系。大型食品集團鼓勵人們相信，食物可以被加工處理成最基本的原料，再轉變成充滿精製糖和防腐劑的包裝食品，可以存放一輩子都不會發霉，而且在全球各地銷售。這些食品的價格很便宜，不需要技術就能為它們加熱，而且清洗起來也很輕鬆，因為幾乎沒有任何餐具會在烹飪過程中被弄髒。當然，這其中有一些積極的面向，但人們失去的不只是髒餐具而已。

說到食物，我們在提出令人信服的論據方面特別無能為力。飲食非常個人化，人們有各式各樣的信仰、習俗和價值觀，這些因素決定了人們每天如何選擇食物。但是，食品的標準化、包裝食品的簡易化，以及烹飪技能的廣泛缺乏，導致大部分的人根本不知道自己該吃什麼食物。

隨著人們崇尚各種流行飲食法和年復一年不斷變化的「罪惡成分」，「我該吃什麼？」這個問題愈來愈普遍存在。（它是脂肪？反式脂肪？糖？麩質？乳製品？）「我該吃什麼？」並非道德或審美上的問題，而是一個相當實際的問題，它所承載的內涵相當複雜。由於這會受到文化、習慣、性別、種族、地理、接觸管道和社會經濟地位的影響，因此很難找到一個有意義的答案，更不用說令人信服的普遍訴求了。此外，人們對自己的飲食有著根深柢固的經驗，很難跟對方爭論其飲食習慣的意識形態。

在二十一世紀，西方世界的許多人似乎都缺乏如何飲食的知識。事實證明，人們比以往更不健康。在美國，三大死亡原因是心臟病、糖尿病和癌症，而這些疾病都是受到飲食方式的影響所致。自從加工食品於一九五〇年代問世以來，冷藏運輸技術讓人們可以將農產品、肉類和乳製品遠距離運送到其他氣候地區，基因改造技術也讓人們可以培育出產量更高且運送更方便的食物，因此，西方世界的人們能夠取得人類歷史上前所未有的大量且多樣的食品。精製糖已經變得如此廣泛，以至於在美國很難找到不含精製糖的包裝食品，這些精製糖大多是以高果糖玉米糖漿的形式添加進去的。但是，隨著食物變得愈來愈便宜和豐富，它也變得愈來愈不健康。

在此同時，雙薪家庭愈來愈多（因此父母沒有時間準備三餐），需要人們久坐的工作逐漸增加，也有愈來愈多的車輛成為代步工具。人們似乎正在失去從頭開始烹煮食物的能力，遭受著「文化技能（烹飪所需的文化知識）喪失」的痛苦。歷史上，人們都是從父母和其他親戚那裡學會了如何烹飪。隨著我們成為不常在家烹飪的第二代人，對於速食、外帶食物、包裝（冷凍）餐和「膳食替代品」的需求也大幅增加。這些習慣會傳授給下一代的兒童，使其變得依賴加工和包裝食品。顯然，有很多原因造成了人們現今的處境，但總體影響是，人們吃了更多的加工食品、經常邊走邊吃、體重變得更重，也更常久坐，而且更有可能死於飲食和生活方式相關疾病。我們在飲食中也很難找到愉悅。

過去的情況是，文化會決定人們吃什麼（正如作家麥可・波倫〔Michael Pollan〕所說，文化只是母親的代名詞）。[5]文化會受到地理、食物可及性和傳統的影響。例如，在墨西哥，由於該地的自然地理條件，玉米、豆類、酪梨、辣椒和萊姆都相對普遍，因此，墨西哥料理大部分都是以這些食物為基礎。一個國家的風土，決定了人們容易獲得的食物種類。

但是，當食物可以跨洲、跨季節運送時，選擇就變得無限多了。我們可以在一年裡的任何時候吃任何食物、任何菜餚，像是週一吃義大利料理、週二吃墨西哥料理、週三吃日本料理。但是，如果缺乏關注飲食方式的文化，人們最終會陷入傳統和各式食品的大雜燴。我們所吃的菜餚不是在地的，那些食物不會自然生長在我們居住的地方。這方面的問題在於，如果沒有預設的飲食文化，我們就沒有一套天然食材能夠提供穩定飲食所需的平衡。所謂的天然，我的意思是營養均衡和未經加工處理。若是缺乏天然的食物，我們最終會變得更胖，更不健康。

根據慢食組織的說法，「吃在地食物」不僅是一種道德義務，也是人類的義務：我們應該以某種方式飲食，因為這對人類的整體健康有益，而不僅僅是對消費者有益。慢食對於人們的健康、品味和經濟都有影響，此外也可能引發道德爭議。格雷戈里・彼得森（Gregory Peterson）質疑「吃在地食物」是否真的有道德義務的基礎。[6]彼得森引用了作家麥可・波倫《雜食者的兩難》（*The Omnivore's Dilemma*）和芭芭拉・金索夫（Barbara Kingsolver）《自耕自食・奇蹟的一年》（*Animal, Vegetable, Miracle*）等著作，針對「吃在地食物」的益處所提出的許多論點。他列舉了人們可能具有道德義務的原因，但得出的結論是，雖然這是一件好事，但人們沒有義務去做。

格雷戈里・彼得森概述了經濟、支持家庭農場和企業、環境因素，包括用於生產的石油（化肥和拖拉機），以及與食物里程和運輸成本相關的石油。然而，這些項目似乎都沒有任何絕對的道德意義。我們沒有理由吃在地食物（他定義的範圍是半徑一百英里內）。在經濟上，支持家庭農場或當地企業，對一些人來說可能更好，但這麼做不一定有絕對或本質上的好處。他引用了澳洲哲學家彼得・辛格（Peter Singer）和美國作家吉姆・梅森（Jim Mason）的研究，他們認為，環境的破壞大部分是由工廠化農場、運輸食品，以及（在美國）以肉類為主的飲食方式造成的。但彼得森駁斥這些觀點，原因並非它們不真實或不相關，而是人們可以透過一些方式重組這些問題，以倡導公平貿易、財富分配（例如，為馬達加斯加農民的香草豆莢支付公平的價格）和全球貿易。

彼得森認為，關於口味／品味有一個直截了當的論點：在地食物的味道，應該比遠處種植的食物更好。他說，口味的論點有「直覺的吸引力，因為當地種植的食物不必長途運送，應該更新鮮」。⑦但他接著又駁斥了這個論點，因為許多人生活在冬季很難獲得食物的地方，例如，佛蒙特州在冬季完全缺乏新鮮食物。他想，我們或許應該改變口味，以便喜歡那些可獲得的食物，但這又是另一個論點。

在我看來，彼得森似乎沒有抓住品味爭論的要點，因為它基本上無關乎道德，而是有一些受到歷史和傳統框架約束的問題。彼得森最初的問題是，「吃在地食物」是否為一種道德義務。他說不是，在這個框架內，我同意他的觀點。但這是因為我們對於討論「審美義務」，沒有一個明確的框架。品味具有審美屬性，而非道德屬性。當然，我們可以用「品味」(taste)來表示許多不同的事物，但在這裡，我想他指的是字面上的味覺品味。他說，在地食物的味道可能更好，因為它更新鮮。但這也許只是針對新鮮食物的爭論，而不是對於食物品味的爭論。

我在此處所說的品味，也是指菜餚（我將關注在烹煮過的食物，而不只是生鮮食材）。但是，新鮮食物的味道，不一定比擺放較久的食物更好。關於食物的味道，我們不能為它附加道德義務。因此，即使新鮮（在地）食物的味道更好，我們也沒有任何道德義務要去購買，甚至更喜歡它，因為世界上沒有審美義務這回事。義務或責任屬於道德領域。

關於品味，即使一種事物的品味顯得比另一種更好，也不帶有義務行為。品味確實會影響我們感知周圍世界的方式，就像其他感官一樣。有一部分的問題在於，我們傾向於使用字面上的味覺品味（舌頭嚐到的味道）的概念，來表示「喜好」而不是「味道」。舌頭嚐到的味道，是人們感知外部世界的方式之一，但「喜好」是與人們喜不喜歡什麼有關，與那個食物是鹹或甜無關。不過，我們嚐到的味道（感知）會影響我們的品味（喜好）。

好味道或是嚐起來美味，並不能強迫我們購買某些食物，或甚至是喜歡它們。在特定食物中尋找愉悅，是吃美味食物的最終目標，這提供了與義務截然不同的東西。這是舌頭特有的一種愉悅形式。也許，味覺愉悅是人類特有的，卻不是必要的。

當哲學家在討論愉悅時，通常是關於智識愉悅（這是最高等級的愉悅）。哲學家幾乎從未認真看待飲食的愉悅、對令人愉快的風味組合的反思、那些喚起美好回憶的食物，或是來自地球特定角落或烹飪傳統的獨特滋味。歷代的哲學家都認為，愉悅主要與過度有關。沉溺於性愛，意味著你讓肉體凌駕於心靈之上；以飲酒為樂，意味著喝醉（因此是非理性的）；享受飲食的愉悅，意味著暴食，同樣也是受到肉體的控制。然而，這些偏見只有在歷史脈絡下才是正確的，因為歷史脈絡總是偏向於心靈而非肉體，並且害怕肉體在整個人類體驗裡扮演不合理的角色。如果對食物抱有不同的想法，可能有助於我們對肉體甚至人類體驗，有不同的思考。

卡羅・佩屈尼解釋道，在生物學上，人們渴望環境中的變化，目的是要創造愉悅。對於每天都會接觸到的氣味或味道，人們很快就會忽略，即使它一開始是令人愉悅的（想想看，貓主人總是不像客人那樣會注意到貓砂盆的氣味）。但人們也重視常規和穩定性。因此，引進新口味變化的一種方法，是定期嘗試新食物。佩屈尼聲稱：

人們需要擴展那些會帶來愉悅的事物之範圍，這意味著要學會選擇不同的事物，甚至是以不同的方式生活。從這個論點推及美食學，便可以明確得知，那些只接受最容易獲得的食物和口味的人，所體驗到的範圍有限，而這種營養的單一性也阻絕了味覺的愉悅，無論我們多麼喜歡這些食物和口味，單一性都會使它們成為習慣。⑧

一次又一次地持續吃相同的食物，無法帶來更多樣化的飲食所能賦予的愉悅。

風土條件

就跟其他神奇的事物一樣，風土（Terroir）有許多不同的定義。作家暨侍酒師比爾·內斯托（Bill Nesto）認為，「風土是將生鮮材料、其生長條件、生產過程和鑑賞產品的時刻，結合成一體的網絡。」⑨為了理解風土，人們必須假設，關於起源、產地、知識、傳統和鑑賞的價值觀，都是完全正確的。

正如在其他領域，尤其是藝術界，這些價值觀至關重要，因為它們確保了作品的真實性，也就是該作品出自手工和所聲稱的傳統。我們想知道藝術家是誰，因為這可以提供如何解讀該藝術品的許多資訊；我們想知道藝術家是在何時創作的，他們來自何處、由誰培訓，以及創作該作品的意圖為何。要是沒有這些指標，人們就很難正確評價這件作品；對於藝術品，人們會以才華天賦來評價；對於消費品，人們會以盡責性來評價；對於食物，人們會以品質和味道來評價。

有關風土的概念，最常與葡萄酒連結在一起，因為這與葡萄的生長環境有關，包括土壤的酸度、地形和任何一年的氣候等，這些因素都會對葡萄每一年的味道產生直接的影響。

品酒師首先要學習如何辨別舊大陸（歐洲大部分地區）和新世界（南北美洲、澳洲和紐西蘭）的葡萄酒。新世界葡萄酒的生產國，都是使用從舊大陸移植過來的葡萄樹種，但新的地理位置意味著葡萄果實和葡萄酒的味道都會不同。舊大陸葡萄酒通常口味較淡、酒精含量較少、酸度較高、果味較淡，新世界葡萄酒通常果味較濃郁、酒精含量較高、酸度較低。當然，釀酒師在這個過程中擁有許多掌控權，但人們透過訓練有素的味覺，可以辨識出其中的差異。這一切與風土息息相關。

雖然在談到風土時，葡萄酒是最受關注的產品，但風土也影響了許多食品，以及世界各地種植的食物之品質和味道。任何非工廠生產的食品，都具有某種風土條件，但隨著食品工業化的發展，風土的影響力逐漸式微。儘管風土會改變食物的味道，但對許多人來說，它跟食物的來源或產地比較有關。通常，某些特定的風味只能在一個小場所生產出來，並且與那個地方緊密相連。但工業食品是沒有產地或無家的，因為它們經過了大量的加工處理和化學改變，以至於每年每個季節的最終產品，味道都一樣。具有風土的食物，有其來源、產地、製造者和風味的可識別性，有時還會有獨特的缺陷。

例如，義大利東北部生產了許多具有獨特風土的食物。巴薩米克醋（Balsamic vinegar）是艾米利亞－羅馬涅大區（EmiliaRomagna）摩德納市（Modena）專門生產的產品之一。⑩

巴薩米克醋（又稱頂級摩德納傳統香醋〔Aceto Balsamico Tradizionale di Modenafor top quality〕）是使用從葡萄果實連皮帶莖榨取出來的葡萄汁製成的。通過「原產地名稱保護」認證的巴薩米克醋，只能在摩德納市以傳承數百年的傳統方式製造。

首先，葡萄汁會被倒入一個頂部有開口的桶子（通常是一個舊酒桶）中釀造，這個開口會使空氣與液體產生作用。鋪蓋在桶子上面的乳酪布，可以防止昆蟲和灰塵掉入桶子裡。每一年，因為液體的體積會自然減少，工人會將這些液體從較大的桶子倒入另一個較小的桶子裡（至少換桶七次），最終成為不同於調味品級香醋的產品。只有經過這個釀造過程的液體，才能被貼上「原產地名稱保護」（PDO）的封條，證明它是在摩德納市釀造的。生產者把這種純香醋稱為「黑金」。

帕瑪森乳酪（Parmasan cheese）跟巴薩米克醋一樣，是艾米利亞－羅馬涅大區的產品。帕瑪森乳酪是以產地城市帕馬（Parma）來命名，確切來說，帕瑪森乳酪的正式名稱為Parmigiano-Reggiano，以帕馬和雷焦艾米利亞（Reggio Emilia）這兩個省份命名。用來製造這種乳酪的牛奶，產自西元四世紀以來一直生活在義大利北部的紅牛品種；工人會將早上擠出來的牛奶，與前一天晚上擠出來並已脫脂的牛奶進行混合。⑪

這個牛奶混合液體會以銅缸加熱，再加入牛犢胃內膜，接著，工人會將收集的凝乳塑形為一顆大球，然後切分成兩份，再把它放到鹽水中浸泡三週。工人在將乳酪圓輪放進鹽水之前，會貼上一條環繞乳酪圓輪的長標籤，在其外皮印上Parmigiano Reggiano的字樣。由於這個印記就在乳酪圓輪的外皮上，因此從它的任何切塊都可以看到其產地名稱。透過同樣的程序，也可以在乳酪的外皮印上乳品來源和批次編號，要是之後乳酪的品質出現任何問題就可以溯源。因此，它的真實性不容置疑。

接著，乳酪圓輪會被送到乾燥室裡，進行至少十二個月、最多三十六個月的熟成。在這段時間裡，工廠作業員以及「原產地名稱保護」標章的檢查員，都會仔細檢查乳酪圓輪是否有裂縫和氣泡（要是有氣泡的話，用小乳酪槌輕敲時，會聽到共鳴聲）。這些乳酪圓輪必須定期翻面，以便乾燥過程均勻地進行。

帕瑪森乳酪和巴薩米克醋的獨特味道，源自於產地的微生物群、季節風、冬季氣候、夏季氣候、青草、歷史、知識，以及摩德納市和帕瑪市製作它們的方式。在其他地方都不可能製造出味道完全相同的產品。當然，有其他地方在製造這兩種產品，卻沒有運用這裡的知識、標準、傳統和風土，因此具有不同的味道。雷焦艾米利亞省創造了這兩種產品的標準。

風土是一個可以指出資源鏈（resource chain）可靠性的指標。帕瑪森乳酪的製造者通常擁有生產牛奶的乳牛，或者直接從專為這家廠商生產牛奶的小農那裡購買牛奶。許多帕瑪火腿（Parma ham）的製造者，都使用自己飼養的豬來製作火腿。對於黑豬（特別用於製作火腿的特殊品種）的照料和餵養至關重要，因為這對最終產品的味道會有重大影響。

這種味道上的差異，讓人得以識別最好的種植／飼養者和工業種植／飼養者，並且所導致的結果是，產品價格更高、品質更好，良好地對待動物、工人和土地，以及這些生產者所珍視的優良傳統。許多釀酒者都擁有自家生產的農作物，或是從單一農場購買材料。這是食品產業的重要面向，因為基礎成分的品質和處理方式，對最終結果有重大影響。要是你跟這些生產者交談，可以看出他們對自己的產品有強烈的自豪感。他們不想把自己的名字或商標貼在品質低劣或不合格的產品上。他們透過風土表達了自己的個性和驕傲。

但風土不僅是關乎獨特性和味道，也與歷史有關，尤其是帕瑪森乳酪。這種乳酪至少在九百年來都是以同樣的方式製作而成，是有紀錄以來最古老的乳酪。第一份提到帕瑪森乳酪的文獻，可以追溯到西元一二五四年，當時一份公證書提到了帕瑪森乳酪（caseus parmensis）的所有權。[12] 薄伽丘（Giovanni Boccaccio）在以一三四八年為背景的短篇小說集《十日談》（*Decameron*）裡，也讚揚了「磨碎的帕瑪森乳酪」（Parmigiano grattugiato），描述了一座虛構的山是「由磨碎的帕瑪森乳酪製成的，住在上面的人們除了做通心粉和餃子，再用閹雞肉湯來烹煮它們之外，什麼事都不做」。⑬

目前，雷焦艾米利亞省只有三百四十八座生產帕瑪森乳酪的酪農場。重要的是，每一座酪農場都有自己的歷史、家庭傳統和風味獨特的乳酪。若是把這些乳酪歸類為單一味道，就像是在說所有夏多內葡萄酒的味道都一樣。這些酪農場具有共同的歷史，但也在產品上留下了自己的印記。

歐洲是最早完全接受食品純度法的區域之一。巴伐利亞（Bavaria）制定了第一個名為Reinheitsgebot（純度命令）的法案，規定啤酒只能含有水、啤酒花和大麥（以及後來的酵母），嚴格禁止添加其他成分。這項法律於一五一六年由巴伐利亞的威廉四世公爵首次頒布，⑭很快就擴及現今德國的全境，並在過去五百年來基本上保持不變。

對於帕瑪森乳酪來說，第一部純度法於一九〇一年生效，並在一九〇九年確定了用於標記乳酪的精確用詞。由於世界各地到處可見帕瑪森乳酪的仿製品，這些保護措施在維持帕瑪森乳酪的純度方面，發揮了重要作用。這些規則包含了：禁止施用化學肥料；要確保乳牛只在春季至秋季吃新鮮青草，並在冬季食用產自同一座田園的乾草；每天翻轉及品測乳酪圓輪的次數要符合規定。⑮

帕瑪森乳酪並不是世界上唯一一款被如此認真看待的乳酪，也不是唯一一款與原產地同名的乳酪。切達（Cheddar）乳酪產自於英國的切達村；布里（Brie）乳酪產自於法國的布里地區；高達（Gouda）產自於荷蘭的高達市。英國的斯蒂爾頓（Stilton）乳酪、法國的洛克福乳酪和義大利的艾斯阿格乳酪，都具有「風土」的名字、家園和悠久的歷史。

另一方面，美國乳酪（也稱為「巴氏殺菌乳酪產品」）來自美國的工廠。事實上，稱之為「乳酪」並不符合法規，因為裡面沒有乳酪。順便說一句，這是麥當勞用來放在漢堡裡的乳酪片。其他的工業乳酪，如莫札瑞拉乳酪（mozzarella，此處所指的並非在義大利使用水牛的新鮮牛奶所製成的莫札瑞拉乳酪），也是使用許多品種的乳牛牛奶製成的。這些生產牛奶的乳牛主要是吃青貯飼料（註：由青綠作物經由密封及發酵過程製成），這些飼料來自許多地方，其中包括了大量的玉米或加工玉米。這種乳酪是在工廠裡經過消毒程序製作而成，這些工廠每年都會生產成噸一般口味的工業乳酪，消費者在全國各地嚐到的味道都是一致的。

然而，重要的是，造就乳酪與眾不同的部分原因是：參與發酵過程的細菌使其產生了不同的風味，所使用的牛奶具有當

地特色，以及乳酪製造者的傳統。工業乳酪是一種科學配方，它與乳酪相似，卻無法分享任何有意義的歷史。美國的「帕瑪森乳酪」並不符合「原產地名稱保護」的內涵，但因為在義大利境外對其幾乎沒有任何規定，所以能以多種形式出售，包括人們最熟悉的裝在綠色罐子裡的帕瑪森乳酪粉。

在慢食主義的理想中，需要人們認識到食物來自大地、居住在大地上的植物和動物，以及製造食物的熟練工匠。食物不該來自工業工廠。慢食主義渴望民眾珍視那些連結了人們與大地的產品，而不是那些無名、無產地的產品。

風土的概念最初確實是法國式的。歷史文獻證明，法國人也許比任何民族更能從根本上與所居住的地方連結在一起。艾咪・特魯貝克（Amy Trubek）在《地方的滋味》（*The Taste of Place*）一書中，解釋了這種思維方式如何「總是從一個明確的地方開始，從嘴裡的味道追溯到植物和動物，最終追溯到土壤」。⑯她表示，在法國，風土是一個「構成感知和實踐的範疇，是一種世界觀，或者應該說是一種食物觀」。⑰當食物被認為是「扎根的」，而它的實際味道與人們和傳統相連結時，那麼社群因這些食物而誕生的方式，將會截然不同於那種食物無產地也因此無意義的情況。

慢食運動希望承認食物來源的傳統和地方性，但我認為沒必要對此採取絕對的立場，特別是在全球化的世界裡，而且有許多食物確實很難在當地獲得。但是，對於食物來說，肯定與土地之間有著獨特的連結，能夠表達土地本身以及耕種者的一些特質。

哲學家麗莎・海克（Lisa Heldke）在論及（超）地方主義和全球主義的二分法之間的第三條道路時，審慎地思考了這個議題。她先講述了義大利盧卡市（Lucca）的一則軼事，該市的市政委員會裁定，「為了保護烹飪傳統，以及結構、建築、文化和歷史的真實性，若機構的活動可以追溯到不同種族，則不得在市中心經營。」⑱海克在分析中，首先談論到這種裁決對一個城鎮意味著什麼。它強制實施了一種受監管的地方主義，或是海克所稱的「戰略真實性」，針對了實際的食品，以及食物類型和傳統。在這個特殊情況下，似乎是在針對移民者經營的烤肉串店，而不是麥當勞及其標準化食品集團。

海克主張這種形式的超地方主義，並據此做出政治決定，反對世界主義或全球主義。她借用了美國十九世紀末哲學家約西亞・羅伊斯（Josiah Royce，又譯魯一士）的定義，地方主義（localism，羅伊斯的用詞是「省區主義」〔provincialism〕）是由「愛和自豪感構成的，會使一個省的居民珍視（與一個省相關的）傳統、信仰和願望」。⑲這種愛和自豪感在世界各地都可以看到，尤其是在較小或較偏遠，在某種程度上隔絕了更廣泛影響的那些社群。

另一方面，哲學家安東尼．阿皮亞（Anthony Appiah）理解的世界主義，是由兩種通常會緊密結合的理想所構成的：第一，「我們對他人負有義務……其範圍超出了與我們相關的人」，第二，「我們不僅重視人類生命的價值，而且是獨特人類生命的價值，這意味著對那些賦予意義的實踐和信仰感興趣。」[20]因此，世界主義迫使人們認識到自己對他人負有義務，尤其是對那些超出家庭和小社群範圍的其他人。

若要審視這兩種觀念的微妙之處，需要撰寫另一本書，不過，這兩者牢牢地根植於人們思考飲食和實際飲食的方式之中。看起來，人們似乎需要選擇自己看重的是什麼，因為不可能同時看重近距離和遠距離的事物。然而，麗莎．海克指出，人們並非只能從這兩種角度來思考食物，同時提出了更實際的第三種方式。她表示，這是因為人們現今居住的世界，既不是完全地方性的，也不是完全世界性的。她建議人們採取「套疊旅行者」（nested traveler）的立場，認識到人們在扎根之處共存，但也要以有意義的方式與外界的人們互動。透過第三種方式，人們可以珍視民族和地方的傳統，也可以連結更多全球的食品、文化，以及那些進出自己生活的人們。

海克不是在談論慢食，而是談論在尊重家庭、土壤、傳統和晚餐的同時，也可以變得具有包容性。儘管我們對傳統食譜或古代美食文化有一些看法，但食物相關傳統具有適應性，因為它們總是在不斷發展和變化。傳統食譜從某個時間點開始發展，然後隨著經濟變化、口味變化、取得糧食資源的管道和發展等種種現實條件，逐漸發展成形。所以，雖然風土是人們可以品嚐到的事物，但社群是建立飲食習慣的基礎。食物傳統發源於地方，而人們使食物變得有意義。

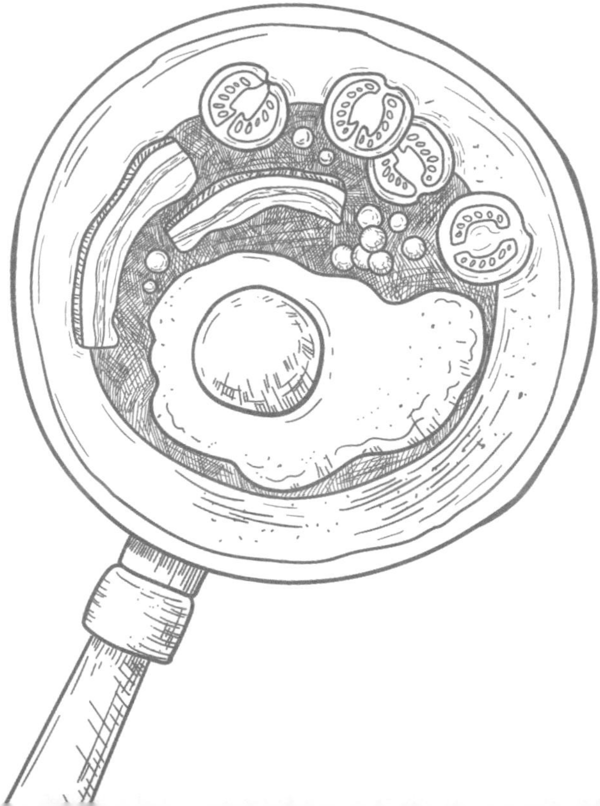

社群

慢食主義認為，「人們一起用餐」是擁有健康飲食文化的重要面向。共享餐食是慢食運動的一部分。關於食物的種植、採集、購買和製備的過程，都是值得欣賞的。社會學可以告訴我們，關於群體的社會習慣，以及圍繞著餐食的各種不公平現象。人類學可以透過人們分享餐食的方式，說明不同文化和民族的傳統。哲學則可以告訴我們，人們的飲食方式，與他們在食物和分享方面的潛在信仰及價值觀，有著什麼樣的關係。大多數人都不太了解意識形態信仰（ideological beliefs），但了解這些信仰如何影響人們在世界上的行為，是很重要的。

飲食在人類生活中通常是共享的，我們的飲食習慣確實表達了自己對於食物的許多想法。不同文化在餐桌上有不同習俗，但普遍常見的是人們都會共享餐食，也都擁有餐桌，而在共享餐食時，總是具有可理解的架構和一套社會規則。「一起用餐」是我們與他人連結的眾多方式之一，我們在這個過程中滋養自己，也與朋友共享餐桌。「一起用餐」是慢食運動的重要組成部分，但其內涵更加豐富，並不限於「一起用餐」這件事。

美國作家溫德爾・貝瑞（Wendell Berry）說：「飲食就是農業活動。」㉑這意味著飲食是一個漫長過程的結尾，這個過程包括了種植、收穫、運輸、銷售、烹飪和上菜。飲食這件事，應該包括了承認那些被犧牲的動物、把食物送上餐盤這個過程中的勞力，以及製備食物的那些手。數百年來，這一直是大多數人預設的飲食方式，人們總是花了很多時間和精力將食物送進肚子裡。

但在現今的時代裡，消費主義掌控了人們看待一切的方式。雖然效率和廉價勞工的組合，在社會的某些部分運作良好，但當這種組合涉及人們的飲食方式時，往往會產生不利的影響。人們已經對食品進行了「福特化」（Fordization），也就是採行工廠生產線，創造出麥可．波倫所稱的「可食用的類食物之物質」（edible foodlike substances）。[22] 溫德爾．貝瑞稱之為「消費者飲食」（consumer eating），這讓消費者處於被動情勢裡。人們付費購買食品，而且「大多忽略了有關產品品質和銷售成本的某些關鍵問題：產品有多新鮮？它有多純淨或乾淨？它是否含有危險化學物質？它被運輸了多遠？運輸過程中增加了什麼成本？製造、包裝或廣告如何增加了成本？」等等。[23]

理論上，加工食品也源自於田地，但它們的生命過程不同於那些直接來自田地和農民的食品。它們的運輸方式非常不同，通常會先去過幾個國家，才會到達超市的貨架上。[24] 許多加工食品與其最初的來源，幾乎沒有什麼相似之處。

但是，現今的許多文化都重視方便、輕鬆和簡單。完全不需要「烹煮」的食物是最有價值的，因為它不需要任何技巧，也只要花很少的時間就能上桌。這些餐食來自工廠，而不是農場。來自農場的食物，其生產鏈涉及農民，而不是食品科學家，它需要更多的工作，以及如何製備各種菜餚的專業知識。

溫德爾．貝瑞的觀點是，當人們意識到飲食是一種農業行為時，這種食物會將人們跟土地連結起來，這是加工食品做不到的事。當我們與土地失去連結時，就會進一步與周圍的環境斷開連接。貝瑞解釋說，就像「工業性行為（industrial sex）一樣，工業飲食已經成為一種退化、貧乏又微不足道的東西。我們的廚房和其他用餐場所變得愈來愈像加油站，因為我們的家愈來愈像是汽車旅館」。㉕「在家飲食」這件事並不具備任何道德義務，但是與他人一起用餐，會增加食物能為人們提供的連結。有很多方法可以做到這一點，但其中有些方法更令人滿意。

亞當．高普尼克在《吃，為什麼重要？》一書中，提出一個完整的論點，從一個前提、一個價值開始，也就是餐桌是家庭生活的中心，年輕夫妻應該把它列為購買清單的第一個項目。他說，「餐桌是第一位，勝過於餐食，也勝過於製備餐食的廚房。它比一切都更重要，因為它是家庭生活中一個看似合理的爐邊家具，是在最困難的時候能帶人順流而下的木箸。」[26]高普尼克認為，由於食物在人們生活的中心地位，餐桌也是戲劇、痛苦、浪漫和所有「關於我們是誰——我們的氏族和民族、身分和個人的觀念——這些大奮戰」的中心。[27]餐桌是大家庭和小家庭的中心，社群的發展不僅圍繞著餐桌，還伴隨著食物的共享。當然，「一起用餐」也能讓人們展示慷慨、好客和節制等許多重要的美德。

我需要提到的是，並非所有人都能在家製備餐食。有些人負擔不起家庭餐食；有些人很努力地長時間工作，不太可能坐在餐桌旁用餐；有些孩子的行程表排得很滿，總是無法準時用餐。我所說的內容，以及慢食倡導者所推廣的事項，並不是為了人們不常烹飪而羞辱他們，尤其是女性。這主要是關於以不同的方式思考整個食物體系。

許多人可以用這種方式來購買和烹煮食物，卻選擇不這麼做。我的建議是，當我們所吃的食物是來自工廠和大型農場時，就會失去愉悅、社群，以及與大自然的連結。要是孩子無法識別天然狀態下的食物，這對他們來說是不公平的。他們很難理解基礎科學是如何運作的、「雞塊」來自何處的現實，以及當農民直接在市場上獲得報酬時，如何實現不同的經濟模式。當人們是從那些栽培及製造商品的人手中購買商品時，就會形成關係並產生信任。但要是有幾十個中間人在處理農民和買家之間的所有交易，就不可能存在這種關係。

麥可・波倫在《捍衛食物》（*In Defense of Food*）一書中提到，人們應該吃「食物」（他提供的一般準則是，食物中只能含有五種以下的材料，而且你認得這些材料的名字，或者是你的祖母會把它們視為食物）。他鼓勵人們要多烹飪，少買加工食品和速食。他寫了另一本書《烹飪》（*Cooked*），講述了四種主要烹飪形式（火、水、空氣和土）的歷史，所謂的烹飪，是指把食物轉變成更容易消化、更美味的菜餚。[28]由於他的建議過於偏向中上層階級、白人和男性化，因此遭受了許多方面的批評。除了白人中上層階級的女性之外，誰有時間從頭開始做料理，為家人烹煮精緻的菜餚？

英國食物史學家瑞秋・勞丹（Rachel Laudan）針對慢食運動和麥可・波倫提出批評，她認為，「人類的食物是加工食品，這是有充分理由的。總的來說，加工食品更容易食用和消化，更有營養、更美味、更安全，也能存放更久。那種『認為原材料的任何改變都是有害的』之觀念，是完全錯誤的。」[29]勞丹寫了一篇具爭議性的文章，為她所稱的「烹飪現代主義」進行辯護。她認為，麥可・波倫和卡羅・佩屈尼等人所避開的加工食品，是一個現代奇蹟，而且完全不符合塑造了現代世界的許多價值觀。[30]

這場辯論大多圍繞著加工食品產業的好壞，以及一個人是否可以透過在農夫市集上找到烹飪材料而變得善良。但這件事不需要進行道德爭論，而是一個與意識有關的爭論，以及對於食物在生活中許多面向所扮演的角色之理解，那是我們已經遺忘的文化。

不過，這不完全是關於遺忘的。在過去幾十年裡，人們的食物體系同時發生了許多好和壞的轉變。人們能夠取得以前想不到的各種食物，四季都能吃到新鮮食物。由於防腐劑的研發，食品的保存時間變長了。工業肉品經濟被隱藏在不允許人們了解肉品加工方式的反檢舉（aggag）法律背後；市場營運只允許八家跨國公司擁有百分之九十的食品標籤；[31]人們完全誤解了有關保存期限、銷售期限和食品品質的政府法規。關於雞蛋、燻肉、牛奶、麩質、脂肪、糖等食物的營養資訊，每年都在變化，這使得消費者相信自己需要營養學家來幫忙選擇飲食。但是，由於營養學家的存在，以及大量的加工食品和速食充斥在食品領域，使得人們困惑不已。

我在義大利吃過的最難忘的菜餚，就是把兩顆番茄切成兩半，切面朝下地放在一鍋水裡，用低溫慢煮，再加上兩枝新鮮羅勒、一盒義大利麵和一些鹽。我向主人詢問食譜，她說這不複雜，但是需要一些時間。當她說了烹煮方法後，我大吃一驚。這道菜的作法很簡單，就像大多數的慢食料理都很簡單。首先，它需要好的材料。不過，我不能使用從超市買來的番茄做這道菜，因為它們是為了運送而培育的溫室番茄。這種番茄味道不佳，也沒有祖傳品種的酸度，但酸味是製作這道菜的醬汁所需要的。

重要的是，我們不要把慢食和複雜的食物混為一談。構成慢食基礎的典型義大利美食，是農民食物，它來自當地的主食：用來做披薩和麵包的小麥，用於煮玉米粥的玉米，以及任何可以搭配這兩者的食物。

近年來，圍繞著食物的話題非常豐富，因為饕客、節食者、專業營養師甚至作家，都掌握了最佳的飲食方式、應該少吃哪些食物、應該關注哪些食物，以及哪些是有害成分。但是，人們一直在吃大地上的食物。慢食主義試圖組織一種不被工業食品和快步調生活完全取代的方式。慢食和慢生活，並不是道德上的命令或戒律。那些不選擇這樣生活的人，可能會過得非常幸福，但這是一種生活方式，或是哲學家所稱的世界觀，包括了農業系統的所有部分：種植、購買、烹飪和一起用餐。它提供了專屬形式的愉悅，把人類連結起來，也餵養我們的身體和靈魂。

Chapter 4

食品假貨與真實性

Food Fraud and Authenticity

哲學家，尤其是藝術哲學家，長期以來一直對假貨感興趣。詐欺性畫作吸引了觀者和博物館贊助者的想像力，因為他們想知道人們如何辨別真偽。相關者所下的賭注可能是一大筆金錢，但也是一種感覺，即原件傳達的內涵比假貨更特殊；它們為我們提供了與創作者、原創性和永遠難以捉摸的「真實性」之間的連結。有些人甚至會說，這些原創作品有一種光環。①在某些情況下，只有經過培訓的專家才能分辨真偽，但還有其他方式可以顯示或讓人得知真偽。

有詐欺性食品嗎？我們如何區分正宗食品和假冒食品？有假冒食品這種東西嗎？我並不是指正宗菜餚本身（如「正宗義大利料理」），而是指正宗配料，例如特級初榨橄欖油、來自特定地區或酒莊的葡萄酒，或者某些風味是否使用真正的食材或經過化學強化，就像大部分的「松露」口味那樣。對於食物的知識，主要來自品嚐，但也來自人們對於食物來源、它是什麼、它應該是什麼的各種信念。

閱讀成分標籤為這些信念提供了基礎，但標籤可能會造成誤導：它們可能會誇大甚至撒謊。成分標籤不是關於食品的可靠知識的好來源，因為它們將營養資訊減化為相對無意義的百分比，還使用了科學專業的度量數據。品味可以為人們提供一些無法從其他方面獲得的知識。人們的味覺是一種重要卻不發達的知識載具，因為人們在構建知識時，總是優先使用視覺和聽覺，而不是味覺和嗅覺。

在歷史和語言上，視覺和知識之間有著緊密的關聯。在古希臘語中，動詞 'oida'（去看）是 'eidos'（去知道）的過去式。也就是說，人們在看到之後，就會知道。不過，人們把柏拉圖所使用的 'eidos' 這個詞，翻譯為「形態」（form）或「理型」（idea）。古希臘哲學家赫拉克利特（Heraclitus）是第一個將視覺稱為最佳感官的人，他說：「眼睛比耳朵更能準確地見證。」[②] 柏拉圖在洞穴寓言中，使用光的視覺來比喻理解的表現：如果沒有離開洞穴和「看到光」的能力，人們就無法知道。理型讓事物清晰地顯現出來，就像光有助於照亮物體一樣。對柏拉圖來說，視覺是外在世界和內心世界之間的透鏡，是唯一能讓人們對外在世界有客觀認識的感官知覺。亞里斯多德在《形而上學》（*Metaphysics*）中宣稱，「所有人都渴望知道」，然後具體地說，人們喜歡視覺更甚於其他感官，是因為視覺本身和它的用處。[③] 我們獲取知識的主要載具是視覺。

勒內・笛卡兒是光學科學的奠基人之一，他認為，眼睛是一個完全被動的透鏡，將具體的物質世界與抽象的心靈分隔開來。視覺與光和空間有關，這是物質世界最清晰的表現，而聽覺則與聲音和時間有關。視覺給了人們客觀的知識，所謂可靠的認識論，大多仰賴視覺而不是其他感官。現今，我們仍將視覺視為了解情況的主要載具。[④]

針對產生可靠或「客觀」知識的感官而言，聽覺確實緊隨在視覺之後，因為它也是遠距離獲得的資訊。由於視覺和聽覺的對象是與肉體分離的，因此人們能夠與附近的其他人有類似的經歷。視覺和聽覺被稱為「遠端」感官，是人們對遠處事物所使用的感官。然而，品味卻是截然不同的。人們無法從品味的過程中了解事物，相反地，品味只能提供偏愛和喜歡的感覺，或是某種無法表現出來的感官體驗。視覺提供給人們的知識，是哲學家從一開始就偏愛的客觀知識，或者我們也可以稱之為「視覺–客觀知識」。但若說視覺支配了哲學認識論，就有點太過頭了，我不認為視覺和認識論是絕對相互依存的。

儘管人們注重感官的體驗，但大部分的美學都依賴於認知主義，以及有利於視覺的方法。也就是說，美學需要某種認知內容或信仰，以便理解人們所體驗的美感愉悅。這樣說來，人們的品味能力可以提供感覺，卻不能提供認知內容；它提供感覺，而非思考。或者這是它的缺陷。但是，如果人們不把視覺看得比其他感官更重要，這些缺陷可能就不會那麼強烈。也許其他感官可以提供給人們的知識種類，完全不同於以視覺為中心的理論所提供的。

味覺、觸覺和嗅覺被稱為「近端感官」，是因為人們直接使用肉體和這些感官來體驗世界。例如，喬治．黑格爾（Georg Hegel）就曾聲稱，人們的「次級感官」（味覺、觸覺和嗅覺）無法提供藝術體驗，因為它們是實用的，而非理論的，無法為想像提供資訊。⑤這些次級感官只能提供肉體感覺給人們，別無其他，而肉體感覺不能產生任何可供人們思考（就內容而言）或關注（就想像而言）的東西。

康德認為，有關味覺品味或風味的事物可能令人愉悅，卻不是美的。它們可能對我來說是愉悅的，卻不是對每個人來說都是美的，因為味覺品味的事物與知覺（sensations）相關。他說，純粹的味道和氣味，以及「純粹的顏色和純粹的音調，都被歸類為對愉悅性的判斷，因為它們的基礎僅僅是知覺問題，即純粹是知覺」。⑥在關於美的課題上，康德是一個形式主義者，認為形式有助於一個物體的表現，但形式不是那個物質，也不是純粹的審美知覺。知覺是產生美學判斷所必須的，若是人們對知覺進行沉思，就讓知覺有了普遍化及獲得普遍同意的可能性。因此，人們不能從次級感官或任何純粹的知覺中獲得知識，也不能對這些知覺提出美學主張。值得注意的是，無論是康德、大衛．休姆和喬治．黑格爾，都不認為品味、食物或飲料只能被視為純粹的知覺。

康德和休姆在論及美感特徵時都強調無私性，著重於感官的高級和次級之別，並且得出一個普遍性的結論，即品味不能被視為審美的，因為人們沒辦法對它進行無私的反思。康德和休姆都重視人們對於審美客體（對象）的無私態度，認為人與審美客體之間必須有空間，才能被恰當地關注。這種空間就類似於實體空間，允許我們看到物體或聽到聲音。

有鑑於這些哲學家為人們提供了許多理解美學的基礎結構，我們不能忽視這些擔憂。但他們提供的是傾向於視覺認識論的基礎結構，不必要地貶低了感官愉悅。人類不僅有心靈，也有身體，是以多種感官在體驗世界。審美理論應該反映出完整的身體知覺，以及對所有身體感官的使用。事實上，大多數的美學理論仍然側重於沉思或認知方面的美感愉悅。

美學中的「品味」概念，在其隱喻的意義（喜歡或發現某種客體樂趣的意義）上，使用得更廣泛，而不是其字面上的品嚐食物。味覺和嗅覺可以提醒人們注意腐爛或有毒的食物，也有助於人們體驗周圍的世界，尤其是在特定文化環境中。因此，味覺和嗅覺是創造意義的重要載具。

人類不僅僅是被動的食物容器；味覺能夠以非常精確甚至獨特的方式，把這個世界的資訊告訴人們。人們經由唇舌，把外在的東西變成內在的，或者把客觀的東西變成主觀的。當我們飲食時，會知道它嚐起來像什麼；我們所獲得的知識，是最詳細的描述也無法給予的。儘管並非所有的品味都是審美的，但人們可以不受限於歷史框架的限制，對於品味進行審美上的鑑賞。品味可以帶給人們肉體和思想上的愉悅，也可以帶來知識。

但是，有所謂鑑賞食物的模式嗎？哲學家艾倫・卡爾森（Allen Carlson）曾經概述了許多鑑賞大自然的模型，這些模型可能跟食物有關。他提到了「客體中心模型」（object-centred model）和景觀模型。由於鑑賞大自然不同於鑑賞藝術，而且大多數關於鑑賞的論述都是以藝術為主，我們需要對此進行一些擴展。

客體中心模型是指「人們在實際上或思考中將客體（對象）從其周圍的環境中移開，並專注於其感性的設計品質和可能表達的特質」。⑦這種鑑賞允許人們對單件作品或藝術品進行認真的沉思，從而突顯其表現力、代表性、形式或美學品質，並且可以在不受到背景脈絡干擾的情況下，沉思這件作品。這是博物館為藝術品所做的事情；它們提供了一個沉思的空間，讓鑑賞者可以專注於一件作品。卡爾森說，這不是一個好方法，因為背景脈絡對於理解大自然非常重要，而把客體從所屬的環境中提取出來，可能會徹底改變了它們的意義性。

景觀模型是指一個靜態的景觀視圖（像是透過望遠鏡所看到的景觀，或是在照片或畫作中看到的畫面），它具有界限範圍，而且是平面的。若要以這種模型鑑賞大自然，似乎缺乏了鑑賞環境的基本要素，因為環境具有驚人的深度和豐富性。對於卡爾森來說，這不是一個好模型，因為它所鼓勵的觀者鑑賞環境的角度，「不是在於它是什麼、有什麼特質，而是在於它不是什麼、沒有什麼特質」。⑧

卡爾森提倡第三種方法，他稱之為「環境模型」。人們可以選擇關注在特定的前景上，並且有意識地決定要保留背景裡的什麼元素。我們可以「選擇具有美學意義的特定焦點，並排除其他焦點，從而限制了體驗」。⑨否則，人們將會專注於所有事物，卻沒有什麼經歷是值得深入鑑賞的。

卡爾森談到了如何運用鑑賞藝術的標準模型來鑑賞大自然，但我們要如何把這些模型運用在食物上？對我來說，「客體中心模型」實際上很好運用。把食物從背景脈絡中抽取出來，放在獨特的焦點上，可以讓人盡情享受和品嚐。這種鑑賞食物的方式，可以成為識別練習和品味測試的重點。一種食物可以因為它讓人回憶起童年的喜好和初次約會而受到賞識。食物鑑賞的客體中心模型，運用起來很令人滿意。景觀模型也解釋了人們看待食物和鑑賞其視覺特質的方式。我們喜歡有藝術感、顏色鮮豔或深沉，以及看起來美味的餐食。我們總是「先用眼睛飲食」，所以食物需要看起來有吸引力。

但我認為，卡爾森的環境模型最適合用來鑑賞食物。透過此模型，人們可以了解食物的來源、烹飪技術、風味、質地、平衡性，以及最重要的味道，進而充實食物的內涵。人們可以選擇要把什麼當作焦點，又要把什麼當作背景，這是有意識的選擇。但由於人們不關注任何細節，也就不可能鑑賞自己的飲食。這是人們慣常的作為，但是為了了解人們如何獲得食物的知識，我們需要了解更多種鑑賞食物的方式。

哲學家馬蒂奧・拉瓦西奧（Matteo Ravasio）根據卡爾森的環境模型，列出食物鑑賞模型應該滿足的條件，[10]包含了以下的幾個重要方面：意向性、歷史性、規範性、真實性、挪用性（appropriation）和意義性。[11]這些項目涵蓋了食品生產、製備和背景脈絡的廣泛面向。但諷刺的是，拉瓦西奧沒有把品味列為鑑賞食物的必要項目。這份清單主要把食物視為文化藝術品，而非品味的對象、愉悅的來源或沉思的提示。

如果品味成為中心焦點，我們就可以暫時把視覺和歷史文化等面向放到一旁，進而發展出更好的品味理論。人們可以關注於風味、平衡性和質地，而不是關注虐待動物、不公平的勞動情況、可能種植食物的各個地區，甚至是該食物可能屬於哪些食譜或文化傳統。這種角度更著重於品味的形式要素，而不是試圖規定食物應該品嚐起來像什麼，勝過於它們實際上的味道。

如果人們對食物的鑑賞主要基於品味，就可以開始培養對品味的信任，而目前人們還欠缺這種品味。例如，人們將能夠識別不同的風味和知覺，並且辨識出新鮮和久放的香草與香料之間的品質差異。人們可以培養出愈來愈具辨別力的品味，就像受過訓練的藝術歷史學家學會識別不同風格和繪畫技巧那樣。

但在大多數情況下，人們並沒有做多少事情來培養品味。這有一部分是因為品味是一種肉體感覺，而且因人而異。此外，我們也沒有學習信任品味，因為它不能提供客觀的知識，也就是那種人們可以從遠處看到並評估的知識。如果我們培養了對品味的信任，就能夠更輕易地識別不同的風味及其變化，像是對各種橄欖油。

正如前文所說的，美學鑑賞不同於美學知識，而我的目標在於美學知識。鑑賞通常與美和理解藝術的本質有關，但在這裡，鑑賞真正關注的是人們在某種審美體驗中尋得愉悅的方式。然而，審美知識是關於對審美體驗更「客觀」的思維方式，以及人們理解、概念化甚至從審美體驗中學習的方式。記住，認識論是由視覺主導的，人們很難透過味覺、觸覺和嗅覺來了解它。但美學應該更關注於知覺。因此，現在該給「品味」專有的論述了。

另一件重要的事，是能夠在飲食和品味之間無縫地切換。抽象地談論品味或食物，而不談論具體的例子，似乎是錯誤的，因為所有體驗往往是截然不同的。我們可以從多種角度來思考食物：一種可以買賣的商品、一種身體的燃料；它可以表達特定的文化或父母對孩子的愛。在人們透過這些方式了解食物之後，又會回溯到客觀或判斷方面的知識：櫛瓜每公斤的價格是多少？它們是在哪裡種植的？我需要吃多少才會感到飽足？墨西哥城有哪些傳統菜餚？或者母親在我小時候做過哪幾種餅乾？

人們接觸食物的另一種方式，是它的味道。它可能太鹹、太辣或太濃郁，但不同的食物都具有人們期望和能夠體驗到的特殊味道。然而，食物的味道如何？這其中只有人們會接受的一般描述嗎？像是甜的、鹹的、苦的？事實上，有一般的味道類別（甜、鹹、苦、酸、鮮），也有特殊的風味，如檸檬、黃瓜或茴香。個別食物的味道可能是酸的或是像檸檬，但如果我沒有親身體驗，就無法知道具體的味道。我知道檸檬是酸的，但如果不品嚐，就不會知道檸檬是什麼味道。如果我只知道檸檬是酸的，可能無法區分檸檬和萊姆，或者檸檬和莓果。如果不品嚐，我無法區分梅爾（Meyer）檸檬、尤利卡（Eureka）檸檬和里斯本（Lisbon）檸檬。即使我對檸檬的味道有一個抽象的概念或想法，並不意味著我可以僅僅透過看它來進行識別。因此，舌頭和味道提供了一種人們無法從其他感官獲得的體驗。為什麼這可以算是知識，而不是如康德所說的純粹知覺或感知？對康德來說，知識是認知的，而不是感官的；但康德的觀點是由一個非常狹隘的知識描述所決定的。

事實、謊言與橄欖油

為了說明為什麼發展關於品味的哲學論述很重要，我們先來探討橄欖油——真正的特級初榨橄欖油。真正的特級初榨橄欖油對健康有巨大的益處，也是採行地中海飲食的人們心臟病發病率如此低的主要原因之一。橄欖油被用來治療消化不良、尿布疹、不孕、毛髮乾燥和嘴唇乾裂，甚至被認為可以治療憂鬱症。進一步研究表明，它可以降低罹患癌症和阿茲海默症（Alzheimer's disease）的風險。[12]甚至在今天，許多義大利人每天早上都會喝一杯橄欖油，做為健康養生的一環。

費城的莫內爾化學感官中心（Monell Chemical Senses Center）前主任蓋瑞．波尚（Gary Beauchamp）注意到，當一個人吞下優質橄欖油時，喉嚨後部的燒灼感，類似於咀嚼布洛芬（Ibuprofen，註：一種非類固醇消炎止痛藥）這種藥錠時的燒灼感。波尚經過大量的科學實驗後，發現橄欖油和布洛芬都含有一種會導致燒灼感的分子。事實證明，橄欖油具有與布洛芬相同的抗發炎特性。[13]橄欖油是一種天然的抗發炎藥，有助於緩解慢性疼痛，這也是它可以降低罹患心臟病風險的原因。

在品味方面的哲學研究，若是關於食物或飲料，幾乎只針對葡萄酒。或許葡萄酒是人們攝取的液體中最複雜的，但它也是人們最常為了品評、搭配美食或是潤滑社交互動而喝下的飲料。橄欖油在許多食品和調味品中都很常見，人們卻沒有意識到這一點。義大利人，尤其是南部義大利人，最常使用橄欖油來烹煮肉類和馬鈴薯、烘焙食品、製作冰淇淋和各種食物。橄欖油能夠增強許多食物的味道，包括沙拉和巧克力蛋糕。

橄欖油從過去到現在都是地中海大部分地區最重要的物質之一，通常被用於烹飪、皮膚護理、頭髮生長、防治心臟病、宗教目的、貿易、除臭劑，以及做為香水和燈油（lepante）的基礎成分。但橄欖油也有一些重要的複雜性和變化，跟許多食物一樣，擁有獨特的風土，即地理、海拔、天氣、土壤條件和氣候等因素都會顯著影響其味道。橄欖油的細微變化，只能透過品嚐來確定。

令人驚訝的是，橄欖油的歷史非常曲折。兩千多年前，首次記錄了有關橄欖油的詐欺行為，也就是把價格較低、品質較差的油，摻入純橄欖油中。這是記錄在案的第一例食品詐欺事件。在古希臘和羅馬的文物中，成千上萬個橄欖油「雙耳瓶顯示了對詐欺行為的廣泛措施：每一個（雙耳瓶）上都畫著所含油品的確切重量、壓榨油品的農場名稱、運出油品的商人，以及運出前檢核此資訊的官員」。[14]

羅馬的泰斯塔西奧山（Testaccio）是一座由古代橄欖油容器組成的名山，也是一座歷史寶庫，讓人們得以藉此了解古羅馬的橄欖油產業。每一個赤陶壺上，都有油品含量的資訊。在古代，人們平均每年購買五十公升的橄欖油，相當於現代人在石油上的花費。它是一種極其重要的商品，並因為其價值而充滿了詐欺的可能性。根據我們掌握的證據，政府、銷售商和消費者都很清楚地預見詐欺行為，並採取廣泛的措施來阻止它。

世界上供應的橄欖油，其成分大多都被調和過了。特級初榨橄欖油有三種主要的調和方法。第一，將菜籽油、花生油、大豆油和「植物油」等品質較低劣的油，添加到純橄欖油中，這麼做可以增加油品的體積，而不會影響到顏色或稠度，但通常會降低橄欖油的辛辣味和健康益處。第二，使用較低等級的橄欖油來稀釋特級初榨橄欖油，這麼一來，就無法在這類油品上運用酸度檢測，因為這兩者的酸度差異不大。第三，生產者可以在監管範圍的最底限生產橄欖油，也就是使用舊的橄欖果，並添加已經存放多年的舊油品。⑮

有些人估計，世界上多達八成的橄欖油產量，都被這些廉價的橄欖油占據了，從而減少了人們消費橄欖油的益處。⑯其他估計則顯示，市面上的橄欖油中，只有二%是真正的特級初榨橄欖油。⑰

然而，橄欖油是一種物質，如果人們沒有廣泛的味道知識，或至少是關於優質油品的知識，就無法知道橄欖油品質的優劣。化學檢測並不可靠，因為這麼做只能測量油品的化學成分和酸度（特級初榨橄欖油的酸度最多為〇．〇八％），卻無法確定果實的來源或品質。化學檢測也不能確定食物的味道。最近，義大利政府採取了反詐欺措施，要求義大利生產者出售玻璃瓶裝的橄欖油，而且這些玻璃瓶具有不可再填充的裝置，只能讓油品流出來。

一位歐盟調查員宣稱，在二十世紀末，橄欖油被認為是歐盟摻假最多的農產品，其潛在利潤與販運古柯鹼相當，但「沒有任何風險」。⑱

但是，劣質油品也具有風險，最糟糕的是導致食用者死亡。一九八一年，西班牙爆發了一場名為「毒油症候群」（toxic oil syndrome）的疫情，有兩萬多人因為食用了假橄欖油而死亡，這些油品裡含有使用苯胺（aniline）來改變性質的菜籽油，而苯胺「是一種用於製造塑膠的劇毒有機化合物」。⑲這是有紀錄以來最糟糕的情況。

你可能不會死於降價產品，但也不會從這種近乎神奇的物質中，獲得許多健康或風味方面的好處。（哲學上）更糟糕的是，我們對橄欖油的味道懷有錯誤的信念，並基於這些信念而做出了錯誤的判斷。

優質橄欖油應該具有辛辣味、苦味、果味和新鮮橄欖的味道。橄欖油是唯一一種使用橄欖果製成的油，而其他大多數植物油都是用石頭製成的（註：此處的石頭，應是指精煉植物油的過程中所使用的、由原油提煉的有機溶劑）。橄欖油實際上是一種果汁，但不會像葡萄酒和香醋那樣隨著時間而熟成。橄欖油會隨著時間和陽光的照射而降解，所以優質橄欖油總是裝在深色玻璃瓶中出售。橄欖油的益處在其新鮮時最多，年份超過一年以上的橄欖油通常品質不佳：不僅健康益處減少，味道也會變差。

此外，根據歐盟的規定，橄欖油有十六種官方口味缺陷，包含：霉酸味（fusty）、霉臭味（musty）、渾濁、酸味、金屬味、脂臭味（rancid）、焦味、乾草味、粗糙、油膩（greasy）、含植物水、含鹽水、草味、土味、骯髒、黃瓜味。如果在橄欖油中發現這些缺陷，就不能將該批橄欖油賣給高端生產者。不過，沒有化學測試方法可以檢測出這些缺陷，只有人類的味覺可以做到。

「特級初榨橄欖油」（Extra virgin olive oil）是最早由歐洲議會指定的法定等級橄欖油之一。這項法律在一九六〇年通過，規定特級初榨橄欖油必須「僅使用機械方法製造，沒有經過化學處理，並規定了一些化學成分要求，包括最高一％的游離脂肪酸」。[20]酸度是評估燈油品質的主要項目之一，因為燈油不適合人類食用。特級初榨橄欖油和燈油之間的酸度差異僅有一％。此外，橄欖油中不能有任何味道缺陷，必須有「一些明顯的果味」。[21]根據記者湯姆・穆勒（Tom Mueller）所稱，「根據這項法律，橄欖油成為世界上第一種在法律上部分由味道來決定其品質的食品，至今仍是少數這種食品的其中之一。」[22]然而，由於許多橄欖油產品都摻入了廉價的油品來假冒，或是採用了不符標準的加熱製程，人們即使有機會，也不知道該如何識別真正的橄欖油。

事實上，許多美國人已經習慣了腐臭的橄欖油，因為當地出售的大部分橄欖油都已經變質了（當然，大多數人也不會直接飲用！）。如果我們在超市裡購買的橄欖油沒有變質，那麼它可能已經被改變性質、加熱過或是經過化學處理，因而減少了天然風味。但是，由於人們不知道其中的差異，也就嘗不出這些差別。如果特級初榨橄欖油真的能帶來義大利人和希臘人所宣稱的健康益處，那麼美國人就被利用了，花錢買藥卻拿到了江湖術士用來騙人的萬靈丹。

那麼人們該如何避免這種詐欺呢？當然，人們不可能全都成為橄欖油品嚐專家，除非他擁有相關機會。如果人們知道要到哪裡尋找這類課程、橄欖油甜點棒（olive oil bars），甚至榨油機，就會有很多機會。刻意地品嚐橄欖油，能讓人開始了解優質好油的味道。就如同視覺藝術，學習細心品嚐並非一天之內就可完成的事；定期接觸和刻意比較，才能讓人輕易地提高品嚐能力，從而了解優質好油。人類的舌頭可以分辨出不同食物和液體之間的巨大差異，也能分辨出非常細微的差別，但是哲學家不願意肯定品味的重要性，是因為缺少了與品味相關的認知內容。

有些人可能會因為我建議大家參加橄欖油品嚐課程，便指責我是精英主義者，但這只是用來說明人們如何開始關注品味（所有味道）的一個例子。由於橄欖油處在一個具有嚴重詐欺情況的商品市場中，因此是很適合的例子。我不需要爭論這其中存在認知內容，而是要說明，品味所能提供的知識，是可以培養、發展、學習並知曉的。

培養品味和知識

為什麼人們如此不信任品味呢？因為它是主觀的，是關於肉體的，而我們所處的歷史脈絡不允許這樣做。人們更擅長使用品味的隱喻用法，卻不常使用品味的字面意思。味覺品味往往是人們不會刻意培養的可靠知識。但如果人們培養了這類知識，就能分辨出真假橄欖油之間的區別，因為人們有了經驗之後就會產生知識。我們之所以知道兩者的區別，不是因為讀了成分標籤或看到顏色，而是透過舌頭知道了這件事。只有人類的舌頭可以將口中的風味跟以前嚐過的其他油品做比較，並將它們與先前已認識的其他風味連結起來。

如果我們能夠擺脫從哲學先輩那裡繼承下來的視覺範式之認識論，或許就能學會信任品味。這不是我們需要留給專家處理的東西，像是把藝術留給藝術歷史學家去鑑賞那樣。培養和訓練可以帶來更好的判斷力、更少的欺騙、更多的愉悅，以及理解、喜好的表達，最重要的是更可靠的品味知識。

哲學家巴瑞．史密斯（Barry C. Smith）提供了一些有用的詞彙。他認為，味道是某種食物或飲料的特性。品嚐是一個人的體驗。味道是關於一個客體（對象）的；品嚐是一種主觀的體驗。[23]在食物和飲料（以及油品）之中都具有味道，無論人們是否感知到它。史密斯解釋道，「所有的味道都是屬性……它們會給人們帶來某些體驗，不能被簡化或等同於這些體驗」。㉔在此處使用史密斯的詞彙，我們就不會把客體（對象）誤認為是經驗。由於語言的含糊性，很容易讓人把這兩者混為一談，因此史密斯的區分在我的論點中是很有用的，而我的論點是關於人們如何從無知的品味者轉變為專業鑑賞家。

在此，我們要談到一些關於品味的重要哲學問題，特別是人們是從現實主義或是理想主義的假設來展開這些問題。味道是心靈中的某種東西，還是存在於外在的物體中？如果這是心靈中的某種東西，那麼人們不太可能對各種食物有客觀的認識，因為這一切都是完全主觀的，只取決於個人的體驗。如果我們以現實主義的角度來看待品味理論，似乎不可能獲得客觀的知識，因為人們必須攝取（或破壞）食物，才能直接知道它的味道。如果是視覺的客體（對象）就不會有這種情況，因為人們所感知的客體，不會受到人們感知它的這個行為所影響。

由於品味本身是主觀的，人們似乎不可能對它有客觀的認識。然而，這並不正確。人們所思慮的客體（對象）都具有各種固有的（美學）屬性，人們通常能夠以一致的態度來識別這些屬性。這大概就是侍酒師持續在做的事，也就是識別各種葡萄酒中的「客觀」屬性。這些侍酒師能夠始終如一地識別各種食物和飲料的屬性。我們所稱的「客觀特質」，即是巴瑞・史密斯所稱的「味道」。侍酒師已經把自己訓練到能夠辨識食物和飲料的味道，這讓人們認為品味可以是一種客觀的體驗。當然，人們可以成為專家，事實上，侍酒師不僅能識別葡萄酒的這些屬性，還能識別乳酪、啤酒、水、咖啡、牛奶、清酒、橄欖油的這些屬性。

在此，我們得談一談何謂外在特質和內在特質。外在特質是那些被描述為某物的花香、新鮮、檸檬味或黃瓜味之類的特質。例如，將一種風味歸類為「檸檬味」，是在心理上把橄欖油的味道跟檸檬連結在一起，但橄欖油中並沒有真正的檸檬。內在特質是那些橄欖油中固有的特質，人們只能透過味覺來體驗。人們無法透過觀看橄欖油來感知這些特質，必須直接品嚐才行。橄欖油的內在特質，取決於它的口感、辛辣程度（優質橄欖油會有辛辣味），或是味道在喉嚨後部停留的時間（優質橄欖油不應該在口中留下殘留物）。所以，人們只能透過品嚐，來體驗橄欖油的內在特質和外在特質。內在特質存在於油品裡，外在特質則存在於人們的內心。

在這其中，需要解決的潛在問題是，人們是否可以從品味中獲得知識？以及，如果答案是肯定的，又會是什麼樣的知識？我可以說「這是咖啡」、「這咖啡很濃」，甚至是「這咖啡不錯」，但精細的識別力並不是判斷式的。我認為，人們從品味中獲得的，是一種本質上具有深刻審美意義的知識形式，因為它完全源自於感官，也深深依賴於體驗。因此，審美知識是人們理解世界上的各種感官客體（對象）的外觀、感覺、聲音和味道的能力之基礎。人們透過感官體驗來感知和感受，而這些體驗都具有個人特質，也就是「它是什麼樣子」的體驗。

對於心靈哲學家來說，這種「它是什麼樣子」的感受，被稱為「感覺」（feel）。我聞到了早晨的咖啡，這是我對咖啡味道的體驗。我感覺到砂紙很粗糙，這是我對砂紙的體驗。然而，感質（qualia，註：指人的知覺意識或感覺感受）、感覺（feel）或知覺（sensation）完全不同於知識，它們與知識的連結非常脆弱。由於人們沒有完全相同的質性感覺（註：質性是指在自然情境中以多種方式蒐集資料，再進行歸納分析），可能無法擁有相同的判斷性知識。但是，人們主要都是透過感質（或這些感覺、知覺）來體驗世界，並從中解讀概念、隱喻、物體和外在世界。

我認為，味覺知識可以從品味中獲得。這種知識只能由品味來提供，無法由其他感官提供。值得注意的是，把味覺跟觸覺和嗅覺分開來探討，是非常理論化的。味覺、觸覺和嗅覺緊密地交織在一起，因此，分別討論其中一項，都只是純理論的。不具有氣味的味道，幾乎不可能存在；而且，為了品嚐，人們總是會感覺到溫度和質地。

品味還取決於內在與外在、客體與主體、外在事物與攝取事物之間的交互關係。人類的口腔和舌頭不僅是營養和愉悅的接收器，還像雷達探測器，能夠區分風味、風味組合、質地、芳香和最微妙的風味差異。人類不僅會攝取食物，在轉化食物的過程中還會品嚐它。人們咀嚼食物，使它與唾液混合；而這些吞下肚的食物，最終會被身體吸收。人們可能多少會注意去品嚐，而人們攝取的大部分食物都具有被品味的潛力。品味是人們與外界之間的門戶。口腔和味覺可以做為它自己的詮釋透鏡，透過這個透鏡，人們可以品嚐到甜、酸、苦、鹹和鮮味，也能經由獨特的風味來品嚐出母親的拿手菜和其他文化的菜餚，人們可以學會更仔細地區分風味。飲食提供了一種其他感官無法提供的體驗。

關於品味的悖論

這裡有一個關於品味的哲學悖論。一方面，人們認識到品味是主觀的，另一方面，有令人信服的理由聲稱人們對風味和差異有廣泛的認同，這兩者之間存在著分歧。哲學家大衛·休姆在一篇論文〈品味的標準〉（Of The Standard Of Taste）中開啟了這條道路，他所奠定的基礎對我們來說很難擺脫。休姆聲稱，人們的情感（sentiment）或觀點可能都是正確的，但是在判斷方面，卻只有一種是正確的。情感是一種偏好，但判斷是基於理性的。㉕情感是內在的和個人的，而判斷是外在的和客觀的。休姆說：「情感不能代表物體中真正的東西。它只標誌著物體與心靈器官或官能之間的某種一致性或關係；如果這種一致性不是真的存在，這種情感就不可能存在。」㉖儘管休姆在這篇論文中幾乎只談到文學，但他確實對味覺品味做了評論，把它當成比喻，說明在物體中尋找美或畸形是多麼荒謬。他說，這就像在尋找真正的甜味或真正的苦味。㉗

大衛·休姆的認識論認為，情感、感覺和偏好都是主觀的，同時他也知道，如果一個人有正確的經驗、教育、訓練和精細的感官，最終會成為一個「真正的法官」，能夠可靠地確定任何擁有美的客體（對象）之中的美，儘管他認為美只存在於心靈中。因此，休姆在品味上是一個審美現實主義者，因為他認為美學屬性存在於所關注的審美客體中。但這有點諷刺，因為休姆對因果現實主義抱持懷疑的態度，並且在其他地方以爭論「人們對於因果關係問題，無法絕對確定」而聞名。

康德對於品味也抱持相似的不信任感。他劃分「令人愉快」和「美」的方式，類似於休姆劃分情感和判斷的方式。如果某物是美的，那麼它對每個人來說都是美的；如果某物是令人愉快的，那麼它只會讓我感到愉快。換句話說，我會有偏愛或喜歡的感受，但如果說「某物是美的」就代表它應該具有普遍的吸引力。康德表示，說它「對我來說很美」是荒謬的，如果一個人「宣稱某物是美的，那麼他期望其他人也能得到同樣的滿足：他不僅是為自己做出判斷，也是為每個人做出判斷，並且他談論美的時候，就好像那是事物的一個屬性」。㉘

對康德來說，美是一種心靈的主觀體驗，當人們正確感知事物時，就可以體驗到美。㉙他表示，因為人們有相似的概念框架，應該能夠對外在客體進行相稱的評估。但是，對康德來說，食物只能是令人滿意或愉快的，不可能是美的，因為美必須永遠以無私的態度來理解。人們從來沒有對食物採取無私的態度。此外，如果說「我的冰淇淋味道很美」，這是很奇怪的，因為我只想要吃它來滿足身體的欲望。

這種品味的悖論，迫使我們決定美存在於何處、愉悅存在於何處，以及人們能否針對

「某物是美或不美的」達成普遍的共識。美存在於客體之中嗎？還是在主觀意識之中？我們要如何確定這一點呢？人們所有的知識詞彙，都是建立在所謂的「客觀知識」之上，也就是對於自身以外事物的知識。人們甚至沒有關於肉體感官知識的有意義詞彙。

對我來說，品味的悖論實際上並不是關於美，而是關於品味——我指的是字面上的味覺，以及人們如何確定自己在品嚐什麼。自古以來，哲學家一直努力解決這些問題，但直到十八世紀，這些問題才真正浮現。令人失望的答案是，這實際上取決於你要採用誰的形而上學和認識論。對於康德來說，為了提出關於純粹美感判斷的主張，人們必須無私地思考一個客體，將客體與它可能具有的任何工具價值分開，但食物和飲料總是有工具價值，因為人類需要它們才能生存。對於休姆來說，人們只能擁有關於品味的理想化理論標準，因為這需要許多種難以企及的精通能力。

在隨後的三百年裡，人們對於這兩位哲學家提出的關於美的抽象觀點，進行了大量的討論，但我相信，品味概念的絕對抽象化，已經扭曲了對味覺品味的討論。如果主體和客體之間的區別消失了，品味的悖論也會跟著消失。如果人們把味覺知識當作真實知識的起點，那麼就不會有悖論，人們也不需要思考美到底存在於何處。

也許人們需要一個不同的模型來思考品味。我之所以提到康德和大衛．休姆，是因為他們對於人們思考美學問題的方式有非常大的影響，但我不確定這兩位哲學家的認識論在我們現今所理解的體驗、感知和品味方面，是否有些過時。最近有更多關於感知的概念性研究，但大多預設為對視覺的討論。我將試著從品味的角度來理解其中一些。

人類最初是透過感知來收集世界上所有的知識。我們看著地板，得知它是平的，或者我們看著窗外，得知外面正在下雪。我們嚐了一口葡萄，得知它是圓的和甜的。如果要讓這些感知成為知識，它們必須是真實的，而且人們必須有充分的理由去相信它們。這是大多數形式的認識論之支柱。

我們知道感官有時會欺騙我們（像是湯匙在半杯水裡看起來彎曲了，但事實上並非如此），但總的來說，感官為人們提供了可靠的資訊，讓人們能夠周遊世界，與不同的客體（對象）進行非常精確的互動，聞到並品嚐到各式各樣的食物。人們把這個過程稱為「感知為〇〇」（perceiving-as），或者一般說法是「視為〇〇」（seeing-as）。出於我的目的，我將其稱為「品味為〇〇」（tasting-as）。

人們感知世界的能力，並不等同於「確信人們正確地感知世界」。這就是笛卡兒的懷疑論（以及渴望證明人們可以真確地感知）的基礎。笛卡兒想要證明的是，「人們對世界的感知」與「關於人們正確地感知世界的那些無可辯駁的知識」之間的關聯。儘管我們不需要像笛卡兒那樣採取激進的懷疑主義，但仍然渴望這種感知的確定性。但是，就跟視覺一樣，味覺也無法感知到一切，它所感知到的東西，大多取決於體驗和注意力。在這裡，我會注意別把「味覺品味」與「味覺喜好」混為一談。味覺品味決定了我們與周圍世界互動時的大量體驗，所以我想對它所做的工作給予足夠的信任。

也許，品味的悖論實際上並不是悖論；一個人可能同時擁有客觀和主觀體驗，這並不會違反直覺或自相矛盾。可能的情況是，人們經歷的這種二元性比想像中更多。透過視覺，我們認為自己看到的大部分事物都是客觀的，但其他人可以鼓勵我們去看到雲朵裡的圖案、識別出我們最初沒有看到的物體，或者認出屬於某種特定風格的建築或畫作。例如，在我們認為自己有一個準確或客觀的觀點時，也會承認自己對顏色的主觀喜好。視覺提供了我所謂的「相對穩定的感官體驗」。

另一方面，味覺是比較不穩定的感官體驗。雖然我們可能品嚐了同一瓶葡萄酒裡的一口葡萄酒，或者吃了同一塊餡餅的其中一片，但我們的感知可能與其他人截然不同。教育、年齡、是否吸菸，以及許多辛辣食物，都會改變人們品嚐不同食物的方式。

我先前提過，有一種會讓人認為香菜（芫荽）的味道像肥皂的基因變異。所謂的「超級味覺者」（supertasters）具有另一種不同的基因變異，會使得他們嚐到的十字花科蔬菜（尤其是花椰菜和羽衣甘藍）的味道，比其他人嚐到的更苦。此外，一些處方藥也會改變服用者嚐到的一些食物的味道，長期下來，服用者會逐漸忘記某些食物的味道。

或許，這種情況可以說是感覺器官（在此例中是舌頭）沒有處於良好的運作狀態。但是，由於人們沒有機會像對待視覺那樣，對味覺進行客觀的糾正，味覺最終會變得更加不穩定。如果我不知道有些人嚐到的香菜味道就跟肥皂一樣，我可能會認為他們對於我用香菜裝飾料理一事反應過度。但對他們來說，香菜在客觀上嚐起來就像是肥皂。

奧地利哲學家路德維希・維根斯坦（Ludwig J. J. Wittgenstein）在談到私人語言（private languages）的可能性時，對主觀性（subjectivity）有一些啟發人心的說法。[30]但是，語言具有足夠一致且讓人理解的文法、規則和符號，因此能讓其他人遵循。私人品味體驗不同於私人語言，因為它是關於直接的感官體驗。諷刺的是，語言是將我們與他人及其味覺體驗連結在一起的載具。我們描述自己的品味能力，等同於我們知道自己與他人有相似的主觀體驗方式。然而，如果我們的味覺詞彙量有限，就無法將味覺的微妙之處連結起來，只剩下偏好，並聲稱「我喜歡這個」和「我不喜歡那個」。如果人們培養了味覺知識，並認識到味覺這種感覺提供知識的方式不同於視覺，就可以做得更好。

味覺知識

味覺知識不同於人們從審美證詞中獲得的知識。例如，當代哲學家亞倫・梅斯金（Aaron Meskin）與強・羅布森（Jon Robson）認為，審美證詞可以為人們提供可靠的美學判斷，或者，正如他們所說，它具有某種「知識的（epistemic）價值」。[31]他們聲稱，一個人不需要第一手的經驗，就可以在美學脈絡或味覺脈絡中對事物做出正確的判斷，因為有可靠的資訊來源能說明一道菜或一家餐廳的特質，如此一來就可以產生正確的信念。他們表示，這種「證詞會為一種信念提供一些依據（或正當理由），但對知識來說並非充足的證明」，[32]從而限定了此主張的範圍。但他們接著說，審美證詞可以「提供強有力的初步動機，使人們相信，證詞在適當的情況下可以成為味覺知識的來源」。[33]

根據梅斯金和羅布森的說法，我們所能獲得的味覺知識，被稱為「品味證詞」（taste-imony，這是電視劇《辛普森家庭》〔*The Simpsons*〕中首創的巧妙詞彙；註：證詞的英文為testimony）。他們認為，正如人們可以接受可靠的信念，以便從證詞中對電影和畫作做出準確的判斷一樣，人們也可以從餐廳評論、非正式推薦，以及那些能保證品質和一致性的專業品鑑者，形成對食物的正確信念。不過，梅斯金和羅布森所談論的是真正有理據的信念類知識。基於此，如果一個人有個真實的信念，而且其論據有可靠的來源，那麼這應該算是知識。在梅斯金和羅布森看來，對於人們如何體驗味道，以及我們對自己嚐過的東西可能持有的信念，他們採取了強硬的客觀主義立場。

我不同意他們的說法，因為我所想要捍衛的味覺知識，需要直接的體驗。梅斯金和羅布森認為味覺知識是客觀的，或是概念性的，也就是人們對某物的味道有一個正確的概念，然而，品味並不是關於想法或信念，而是一種直接且立即的體驗，也可能非常精確（但有時並不精確）。

關於審美知識，甚至味覺知識，我想要說的是，人們從品嚐中獲得的知識，是無法從其他途徑獲得的。當人們品嚐時，就會敞開胸懷，接受特定食物的內在特質和外在特質的各種可能性。人們品嚐的體驗愈多，能體驗到的潛在風味就愈多。人們的體驗愈少、品味愈少，知道的就愈少。如果沒有直接的體驗，我們就無法知道某種油的味道。

隨著我們澄清了這些細節，這個爭論就不存在了。英國哲學家法蘭克・西布利（Frank Sibley）清楚地區分了特殊和普通的味道與氣味。他表示，「普通的味道或氣味是一種分類，人們可以在其中進行區分，例如蜂蜜的味道、新割下的乾草的氣味……一種特殊的味道或氣味的例子是，現在這裡的這杯酒於特定溫度下的味道。」[34]因此，這就像是類型（type）

和標誌（token）之間的區別，但這其中需要感官體驗。

西布利表示，任何具有特殊味道的東西，其中所含有的部分味道，會跟其他也具有特殊味道的東西完全相同，但這種情況跟具有相同的普通味道並不一樣。[35]所謂的普通味道，包括了夏多內葡萄酒、芒果或橄欖油，至於特殊味道則包括了二〇一七年出產的Wayfarer Vineyard夏多內葡萄酒、今天早餐吃的芒果，以及使用義大利利古里亞（Liguria）地區一家農場的橄欖所製成的Quattrociocchi橄欖油。

我相信，梅斯金和羅布森談論的是普通味道，而我談論的是特殊味道。人們對於普通味道的概念，來自於特殊味道的許多個實例，因此這兩者之間存在著關聯，但普通味道不會跟任何特殊味道一樣。對我來說，特殊味道的變化非常大，以至於普通味道只能是理論上的，也許與柏拉圖式形式的存在方式相同。它們是概念上的理想，能夠將人們對於各種不同味道和氣味的特殊體驗結合在一起。但重要的是，我們可以將特殊味道與普通味道的準確概念連結起來，進而產生客觀的知識。當我在吃芒果時，重要的是我能正確識別它是芒果而不是桃子，否則我會開始對「什麼食物是哪種食物」產生錯誤的信念，那麼我對食物的期望不僅是錯誤的，還會令人失望。

我之所以拒絕梅斯金和羅布森對品味的概念或想法的關注，部分原因是這種模式訴求著一種標準化的食品概念。加工食品在各個地區、州和大洲都有相同的味道。例如，麥當勞竭盡全力確保其所有產品無論在哪裡銷售，味道都一樣。這些食物的吸引力，部分在於味道的可靠性和一致性。特別是在旅行時，許多人不想冒險吃自己可能不喜歡的食物。這種情況已經超越了速食界，延伸到超市、連鎖餐廳和全球咖啡連鎖店。食物被分解為各種成分、混入風味增強劑和穩定劑、添加額外的成分，然後在製程的一開始就是人們無法辨識的形式。

梅斯金和羅布森的論點是，如果人們「知道」這些食物的味道，就可以對「它們是什麼」有一個正確的（有理據的）信念。或許，這些事物的一般概念，只有在二十世紀加工食品問世之後才可能實現。

在標準化或加工食品興起之前（在超市、微波爐晚餐和冷藏運輸出現之前），人們更清楚如何區分風味，因為它們都是變化無

常的。我認為，橄欖油是一種難以標準化的食物，因為它必須在橄欖果成熟時採摘，並且在採摘後二十四小時內壓榨。特級初榨橄欖油基本上是果汁，就跟任何果汁一樣，其味道會根據以下因素而有很大的變化，包括了所使用的橄欖種類、橄欖樹生長環境的氣候、橄欖果在被壓榨之前的放置時間，以及農民是否使用掉落在地上的橄欖果或是從樹上摘下來的新鮮橄欖果。此外，至少在義大利，無論你走到哪裡，當地人都聲稱他們擁有最好的橄欖油。這種地區自豪感顯而易見，因為橄欖果從北到南都不同，氣候從海洋到山脈都不同，陽光和雨水改變了所有地區的橄欖油的味道。

橄欖油和詐欺

我在本章最初的主張是關於橄欖油和詐欺。人們出於健康因素，以及想知道自己拿回了與付出金額等值的物品等許多理由，都會認為以下這些事是重要的，包括：區分好油和劣油，或是分辨純淨油品和摻入便宜替代品的油品。但對我來說，我建議人們鑑賞優質橄欖油的原因，是因為有更多的元素可以體驗。

如果人們對於橄欖油應該是什麼樣子有錯誤的信念（像是橄欖油不應該是辛辣的，或者它不應該有強烈的味道），那麼就錯過了一次真正的橄欖油體驗。人們會變得容易受騙，因此更容易遭受詐欺。如果我們不學會品味，那麼無論買什麼或吃什麼都無關緊要，因為我們不會知道其中的區別。如果人們沒有從精細的品味能力獲得知識，就更容易對各種食物、飲料和味道產生錯誤的信念。如果人們很容易上當，就會錯過一些重要的東西，就像在購買藝術品時誤以為自己買到了原作一樣。

那麼，有什麼詮釋可以解決品味的悖論，並且賦予味覺知識一些意義呢？首先，我們要認識到味覺和視覺之間有著根本上的差異，以及這兩者在認識論上不能有相同的客體－主體區別。即便味覺不需要經由距離來呈現，這並不代表它不具有反思或認知的成分。我們還需要摒棄「品味無法教育」的觀念。接觸和反思食物，都有助於培養更精細的味覺，但目的不只是為了高檔食物，還有那些並非人人都能輕易觸及的一系列味道和特質。

大衛・休姆可能會把這種做出細微區分的能力稱為「品味的靈敏」（delicacy of taste），但他在理論中並沒有提到味覺品味（諷刺的是，他用來解釋這個概念的例子，是關於葡萄酒的味覺品味）。當一個人接觸到新的和不同種類的食物、飲料與菜餚，進而對自己喜歡及不喜歡什麼有了明確的認識，以及當他開始學習仔細區分特質和味道時，品嚐（品嚐的活動）就會是一種隨著人們年齡的增長而變化的活動。

因此，如果人們拒絕或擱置那些以視覺為中心的判斷性知識，並且接受在品嚐食物和飲料時可以學會區分細微的差別，就能為味覺知識打開大門。憑藉著味覺知識，人們可以區分好和壞、腐爛和甜味、檸檬和莓果、低品質和高品質。擁有味覺知識的人，可以區分霉酸味（fusty oil）、霉臭味（musty oil），也可以將優質橄欖油的辛辣灼熱味當作積極的體驗。擁有味覺知識，實際上就相當於能夠區分顏色或聲音。

對於音樂家來說，由於他接受過識別不同音程（註：指兩個音的音階差距，以「度」為單位）的訓練，所以擁有了未經訓練的耳朵所沒有的知識。這不僅僅是關於傾聽或識別音程，還涉及識別對位法（Counterpoint，註：兩條以上相互獨立的旋律同時發聲且彼此融合）、平行五度（parallel fifths，註：兩個聲部以相隔純五度平行進行）、和弦的進行與解析。我稱此為聽覺知識。這種知識不是本能性的，而是必須學習的，人們只要以特定的方式專心學習就可以學會。

但是，聽覺和味覺（以及視覺、觸覺和嗅覺）等方面的知識，並不包含審美面向。這也是愉悅需要被重新引進的地方。在對於食物、飲料、音樂和藝術的正確區分、解析、組合與表達之中尋得愉悅的能力，通常是人們獲得審美知識的途徑。因此，儘管幾個世紀以來的哲學家一直在爭論美究竟存在於心靈或客體，卻忽略了真正的審美體驗，也就是在周圍世界的感官印象中尋找愉悅。

諷刺的是，如果相關理論是從味覺品味開始的，那麼審美知識似乎是直觀和簡單的；但如果我們是從基於視覺的認識論展開的，那麼審美知識似乎是違反直覺並且應該被拒絕，因為這種認識論的詮釋是仰賴於身體及心理上的距離。這種建立在主體－客體分離之上的詮釋，沒有空間可以容納肉體感官，以及人們從肉體體驗中所獲得的滿足感。

品味是一個棘手的問題，因為跟它的哲學史交織在一起的，是生理意義上的品味，以及隱喻上的品味（在各種體驗中尋找正確的愉悅種類）。如果人們不再把以視覺為中心的認識論當作標準，並且為味覺品味提供一個公平的競爭環境，那麼人們不僅能擁有智識愉悅和肉體愉悅，還可以透過口腔感受到各種感覺，包含辣味、甜味、新鮮、醋酸味、草味等等。我們知道什麼是優質的、自己喜歡什麼、什麼是熟悉的、不同地區的風味是什麼，而且，我們也會知道，區分這些差異的能力，能讓人以基本且令人愉快的方式來了解世界。

Chapter 5

美食情色圖片與圖像的力量

Food Porn and the Power of Images

「蒸氣夠熱嗎？」他低聲問道。我無法回答。蒸氣的捲霧從我裸露的胸部升起。他溫柔又輕快地烹煮著我。雖然有點古怪，但我發現自己愈來愈想從這個廚房裡得到阿多尼斯（Adonis，註：希臘神話中掌管每年植物死而復生的俊美男神）。他拿著一根小銀杓在我的上方，讓深色的神祕蘸醬一滴一滴地往下滴。這是我的想像中最緩慢又最性感的事情。我內心的女神在她那被壓扁的天鵝絨籠子裡，用雙翼搧著自己。[1]

《雞的五十道陰影》（*Fifty Shades of Chicken*）是電影《格雷的五十道陰影》（*Fifty Shades of Grey*）的狂熱戲仿作品。這本烹飪書以極其性感的細節，描述了五十種烹煮雞肉的食譜。講述者是一隻母雞（亨女士／Ms. Hen），正在由一名「救援人員」製備、擦拭和塗上油脂，這名救援人員「（只）穿著牛仔褲和乾淨的白色圍裙」。他年輕又英俊，頭髮蓬亂，手臂肌肉發達，顯然有在鍛鍊身體。但（讓她）著迷的是（他的）手。它們光滑、蒼白、指甲修剪得很好，而且非常能幹」。[2]

這本「烹飪書」讀起來像是隱晦的色情作品，但令人深感不安的是，這隻母雞喜歡被捆綁、切片、摩擦、扯下、打屁股、甩動、被火焰舔噬、被綁住四肢、被展開、被鞭打。我應該說，這隻母雞（亨女士）很喜歡被操縱、被烹煮，然後被吞食。

想像一下，當這位衣著暴露的年輕廚師隨心所欲地對待亨女士時，英國男演員派屈克・史都華（Patrick Stewart）慢慢地描述這隻雞發生了什麼事。好吧，別再想像史都華先生親自為這本書講述影片摘要的事了。

正如《格雷的五十道陰影》似乎展現了一種性愛化的、充滿愛的性虐待版本，這本烹飪書滑稽地把這種幻想，轉變成將雞（冰箱裡最常見的蛋白質）性愛化的一本文字指南。但如果你不喜歡雞肉，別擔心，還有《培根的五十道陰影》（*Fifty Shades of Bacon*）和《肉汁的五十道陰影》（*Fifty Shades of Gravy*）。似乎有無窮無盡的烹飪書，性感地描述了一系列關於女性化的食材要求被鞭打、毆打和捆綁的烹飪技巧。

我不確定這是我想到「美食情色圖片」（food pornography，大多簡寫為 food porn）時首先想到的事情，但美食情色圖片似乎包含了廣泛的例子：將食物性愛化、將食物放進色情作品裡，以及讓食物的圖像在某種程度上比生活中更大，因為它們閃閃發光，並且承諾各式各樣的滿足感。

在將食物物化，以及透過色情作品將女人性愛化之間，也有著密切的關聯。當凝視的目光專注在物化（objectification，又譯客體化、對象化）上，並且客體（女人或食物）從日常背景脈絡中分離出來時，就會發生這種情況。在視覺文化中，美食情色圖片無處不在，涵蓋了雜誌、廣告、烹飪書、美食部落格和社群媒體。不過，這種拍攝食物和觀看食物圖像的奇怪習慣，在哲學上是否有趣或是有問題，目前尚不清楚。我在這裡感興趣的，並不是在臉書上張貼晚餐照片的奇怪之處（雖然我覺得這很奇怪），或者Instagram上人們進行美食旅遊時所吃的有趣料理的圖像，而是我們真正稱之為「美食情色圖片」的東西。

人們從美食情色圖片中獲得的視覺愉悅，如何挑戰看待女性、食欲、愉悅和飽足感的一些觀念？美食情色圖片可以取代真正的食物嗎？或者人類真的是視覺生物，因此美食情色圖片是人類參與周圍世界自然樂趣的一部分嗎？

美食情色圖片是人類視覺文化的一部分，但那種食物圖像創造欲望的方式，會對人們與食物的關係產生負面影響，這是因為「期望」在人們的欲望（食物、性、愛）裡的作用方式，與人們所看到和經歷的現實之間並不相稱。由於食物和性都與身體緊密相關，因此這兩者以重要的方式連結在一起。然而，當人們把這些物質需求、欲望和滿足的焦點，轉移到視覺替代品時，將會減少真正滿意的愉悅感。也就是說，美食情色圖片和性愛情色圖片改變了人們與食物和性之關係的性質。廚師說，人們總是先用眼睛吃，然後用鼻子吃，最後才用嘴巴吃。在本章，我將研究人們用眼睛吃東西的方式。

我們先來澄清一些詞彙。美國最高法院大法官波特・史都華（Potter Stewart）在一九六四年的一個猥褻案件中，曾說過一句名言：「今天我不打算進一步定義我所理解的那種被包含在（色情作品）簡略描述中的材料，也許我永遠無法成功地這麼做。但是當看到它時，我就知道了。」③對於色情作品來說，「當看到它時，我就知道了」一直是一個難以捉摸的標準，而它在某種程度上是淫穢的。

雖然「色情作品」這個詞會被用來貶低一些政客們不喜歡的藝術，但在大多數情況下，當人們看到色情作品時，就會知道它是，而它也是二十一世紀視覺語言中相當常見的部分。人們都知道食物，會談論它、吃它、尋找它、為它拍照、烹煮屬於自身文化的食物，而且食物是人們身分的基本組成部分。

「美食情色圖片」誕生於色情作品和食物文化這兩個世界的交會之處。奇怪的是，它們之間有一些重要的共同點。

首先，色情作品和食物都被排除在嚴肅藝術之外，因為這兩者都不能以無私的立場來鑑賞。若一件作品要被認為是「純藝術」，就要讓人從遠處思考它，而不涉及實際問題。這種無私性或審美意趣，讓人們在關注思考一件作品時，不必考慮它的任何實際利益，例如擁有它（並可能從中獲利）、攝取它或者對它產生性渴望。④由於色情作品和食物的主要功能，必然會跟人們的利益交織在一起，因此它們的藝術性都被削弱了。

第二，色情作品和食物都訴諸於肉體，而非心靈。正如前幾章提過的，這一點使它們成為哲學界和藝術歷史學界的二等公民。肉體是變化無常的，並且渴望著不同的東西。它們不具有普遍性，對於良好的論據來說也不是理性或可支配的。唯有心靈才能夠對最佳實踐做出明智的決定；色情作品和食物並不具有這樣的性質。

第三，色情作品和食物的存在，大多是為了提供美感的愉悅，因此它們吸引人們的下半身，即欲望（appetite，一些哲學家這樣說）。至少從柏拉圖開始，欲望就被描述為不會受理性的影響，以及身體中渴望食物、性、權力、懶惰、酒精、過量及其他對人們無益處之事物的部分。

最後，也許最有趣和最有爭議的是，色情作品和食物主要都與女性有關。在色情作品中，大多數女性被描繪成身體本身，脫離了她們複雜的生活。通常，個別的身體部位會被突顯，並使其比實物更大。當然，生活中通常不會被人看到的身體部位，都能被看到，而且被聚焦其上。女性的性欲被展示出來以供世界檢驗。在飲食文化中，女性的馴化則透過女性雜誌、廣告史和烹飪書清楚地表現出來。傳統上，女性為家人烹飪，負責購物、製備食物和家庭晚餐。男性顯然也會烹飪和飲食，但女性和烹飪之間的歷史關聯是不可否認的。可以說，美食情色圖片利用了女性和食物之間的這種關聯，將其性愛化和物化。

「胃情色圖片」（gastro-porn）一詞首次出現在一九七七年，當時《國家》（*The Nation*）雜誌的記者亞歷山大．科克本（Alexander Cockburn）對十三本關於烹飪的新書進行了集體評論（奇怪的是，其中包括當年出版的「新」美國營養指南）。整篇文章充滿了令人愉悅的譴責，而在描述法國國寶級主廚保羅．博古斯（Paul Bocuse）的《法式廚藝》（*French Cooking*）中的一道菜時，科克本認為博古斯的食譜太過放縱地強調了北歐螯蝦和黑松露，以至於「那些完美菜餚的圖片，會令人產生貪得無厭的欲望，卻又是高不可攀的；（它們是）胃情色圖片」。⑤

顯然，保羅．博古斯曾被提醒，在美國買不到北歐螯蝦和松露，同時他被鼓勵要把這份食譜，以及其他同樣包含美國買不到的食材之食譜，從美國版中刪除。然而，博古斯堅持要把這份食譜留在美國版裡，因為他希望「讀者會喜歡（像這樣的食譜），同時他們到法國旅行，認出菜單上的這些菜餚時，就會想點來品嚐」。⑥儘管美國人無法烹煮這些菜餚，但博古斯希望讓人們知道，這些菜餚在其他地方吃得到，只是遙不可及。

亞歷山大．科克本在評論中指出，性愛技術手冊和烹飪書之間存在著「奇怪的相似之處」。他解釋說，「透過提供各種完整食譜的彩色照片，真正的胃情色圖片不僅增加了人們的興奮感，也增加了無法觸及的感覺。」⑦對於科克本來說，這主要是關於這道菜餚的過度和難以觸及，因為它是關於圖片的，也明確提到了法國的放縱菜餚。科克本出生於蘇格蘭並在愛爾蘭長大，而這篇評論既是在指責法國人的奢侈浪費，也是在批評英美人士對食物的簡單且徹底乏味的品味。由於文章中提到了法式料理的奢侈，促使科克本使用了「胃情色圖片」一詞，但他所指的並不是圖像，而是無法觸及的味道。

之後，在食物相關文學作品中，都沒有看到「美食情色圖片」一詞，直到一九八四年，羅莎琳・考沃德（Rosalind Coward）在《女性欲望》（*Female Desire*）一書中，用一個章節談論了「美食情色圖片」（food pornography）。科克本和考沃德都談到食譜和雜誌廣告已經變得情色化，因為這些圖片都將食物呈現得高度非寫實、充滿光澤感和某種程度的性愛化。

不過，這兩個例子都出現於網路誕生之前的時代，而網路為人們提供了無止境的食物圖像。網路提供了無窮無盡的各種圖片，而從二〇〇〇年代中期開始，美食情色圖片才真正在美食部落格中浮現。部落格讓人們能夠從圖片和詳細描述這兩個方面，仔細地檢視食材和菜餚，也讓相關業餘愛好者思考自己的減肥祕訣、最適合孩子的週末晚餐、烘焙祕訣等等。你只需要一台電腦，很快就能成為一名出版作家。在這個高度民主的平台出現之前，你得要有一份書籍或食譜合約，才能公開描述你對食物的任何看法。

實際上，美食情色圖片是消費者在視覺上的體驗。它類似於性愛色情作品，原本應該經由觸摸來體驗的事情，可以經由視覺和聽覺來體驗。亞曼達．辛普森（Amanda Simpson）自稱是美食情色圖片狂，撰寫了一本相關的書：《美食情色圖片日報：烹飪書》（*Food Porn Daily: The Cookbook*）。她對美食情色圖片下了一個功能性的定義，也就是：任何讓她流口水的食物。她說：「點擊、流口水、重複。如果它不能讓我流口水，就不是美食情色圖片。」[8]對亞曼達來說，美食情色圖片只是關於食物本身，而不是像在專欄作家瑪莎．史都華（Martha Stewart）等人眼中那樣，是關於家庭生活、餐桌布置或派對規畫。

城市詞典（Urban Dictionary）網站對於「美食情色圖片」的定義中，包括了「廣告中多汁又美味的食物之特寫鏡頭」[9]。真正好看的美食情色圖片，幾乎總是包括多汁、汁液滴落或潮濕物品的圖像，全都完美地反射了光線。如果你上網搜尋「美食情色圖片」，所看到的大多是乳酪薯條和披薩——這些充滿熱量和脂肪的惡夢。

阮氏（Thi Nguyen）和貝卡．威廉斯（Bekka Williams）最近提出的觀點是，「情色圖片」（porn）一詞的普遍用法已經成為美國方言，而且它不同於與性刺激相關的「色情作品」（pornography）。他們表示，對應「這個詮釋，當人們是為了開心的反應而觀看一張圖像表現（representation，又譯再現），那麼這張圖像表現是被當作普通的情色圖片，人們不必承受與其內容相關的常見成本和後果」。⑩因此，情色圖片的普通用途包括了「房地產情色圖片」、「烘焙情色圖片」、「毛線情色圖片」，當然還有「美食情色圖片」。當人們在Instagram或Pinterest上看到這些圖片時，永遠不會真的打算購買漂亮的公寓、編織複雜的毛衣，或者烹煮美觀的／健康的／放縱的食物。

正如阮氏和威廉斯所指出的，人們無意參與圖像表現的內容，而是使用圖像表現來獲得立即的滿足。⑪人們會為了激發想像力而觀看圖像，瀏覽看似無窮無盡的大量圖片。這個說法具有重要的結果主義（consequentialism）面向，強調了人們不必處理任何所看到的真實活動圖片的不愉快後果。人們不必打掃廚房，不必擔心熱量，不必購買和維護房屋。人們看著「普通情色圖片」並獲得滿意，同時不必承諾，也不必面對混亂。

這些圖片訴諸於食物的審美面向，不僅關乎味道，也關乎食物的外觀、人們想像食物的方式。我們喜歡觀看食物，也喜歡觀看其他人製備食物。有些人甚至喜歡觀看別人吃東西（YouTube上有許多呈現人們飲食過程的「吃播」影片，以滿足觀眾的需求）。我們似乎更喜歡觀看別人做這些事，而不是自己去做。

但我認為，美食情色圖片不同於阮氏和威廉斯所描述的一般性意義。食物有一些非常性感的內涵，而且性和食物之間的關聯，並不存在於性和房地產，或是性和毛線之間。食物和性都能為人們帶來某種形式的飽足感，都有可能過量，而且顯然主要是生理上的愉悅，並非智識上的愉悅。食物和性都是人們深深渴望及特別偏愛的事物，也非常私人化。它們是人類生存的兩個最重要的面向，被認為是人類最基本的需求。如果這是真的，那麼人們與食物圖片的關係，可能會讓人們留下深刻的印象，因為這比成為視覺暴食者或食物偷窺者具有更基本的意義。

如前所述，人類是極為視覺化的生物，喜歡觀看各式各樣的東西。二十世紀初，西格蒙德・佛洛伊德（Sigmund Freud）提出了「視淫」（scopophilia）的概念，字面上的意思是「喜愛觀看」。對佛洛伊德來說，人們在觀看時所獲得的愉悅，與以下這樣的想法有關：生活是圍繞著緊張和放鬆的雙重性質而建立的。性能量創造了緊張，以及能讓人放鬆的性活動。僅僅是觀看，就會建立緊張感。

一九七五年，蘿拉・穆爾維（Laura Mulvey）借用了「視淫」的概念，並用它來解釋現代電影產業如何利用人們對於觀看的喜愛，以及如何強化了觀者和被觀看者的性別標準：男性和女性的分別。穆爾維創造了「男性凝視」（male gaze）一詞，並定義了男性以三種不同的方式控制女性：鏡頭後方的男性；在敘事電影中，男性角色表現為旁觀者；男性視角是電影的主要觀眾。⑫

根據穆爾維及其後學者的說法，這種觀看的方式在西方社會（也可能在其他地方）已經占據主導地位。它根深柢固地存在於人們的心中，因此很少有人會質疑它，甚至意識到它。但這種觀看世界的特殊方式，呈現出一種異性戀的男性視角，女性通常被視為物化的、被動、屈從，以及隨時可利用。在一些色情作品中，她們被視為無助的、需要男人，通常只是身體的一部分。女性也接受了這種男性凝視，而且經常如此。女性往往最常挑剔其他女性的容貌，從而將其他女性物化。根據穆爾維對男性凝視的描述，在敘事電影裡，男性被認為是積極的行動者，他們有權力做到任何想做的事，並且總是有權力觀看女性。⑬

這種物化的凝視使得美食情色圖片有可能存在。當人們學會了物化的凝視，並且隨時都採用這種凝視時，這種方式也開始支配人們在其他方面的觀看。這就是為什麼食物可以被極端物化的原因：如果沒有這種具主導性的觀看世界方式，人們可能不會對無生命的物體採取這種立場。

我們需要把美食情色圖片跟低品質的食物快照區分開來。正如裸照不一定等於色情作品，低品質的食物照片也不一定等於美食情色圖片。美食情色圖片訴諸於一系列強調食物的最性感面向的審美理想，而且與人類性欲的各個方面相呼應：香蕉和黃瓜的陽具意象、雞隻胸部的圓弧度、茄子和類似陰道開口的食物，如酪梨切片、無花果切片、橙子切片和牡蠣。當然，有些美食情色圖片更像食物照片，有些更像色情作品。

社會學家艾琳・麥克唐納（Erin McDonnell）曾經解釋說，所謂的「色情凝視」（pornographic gaze），是指「照片構圖由相機操作者介入，允許攝影師塑造觀者對食物的體驗」。[14]典型的美食情色圖片，從色情作品中明確借用了各種不同的攝影技術。麥克唐納認為，美食情色圖片有許多特徵，比如極端的特寫鏡頭，「透過接近食物的物體本身，傳達出一種不舒服的親密感」。[15]觀看者可以看到物體的細節，而這些細節在社會可接受的距離內通常是看不到的，甚至要使用特寫鏡頭才看得到。對於靜態圖像色情作品，瑕疵可以被刪除，而這一點也適用於美食情色圖片，不過，對於食物，人們通常可以看到肉眼無法看到的汁液滴落或裂縫等細節。

美食情色圖片的組成架構，與一個人的晚餐快照非常不同。美食情色圖片往往只包含照片中的食物，很少包含場景布置或其他會分散注意力的物體，目的是讓人只關注於眼前的食物。麥克唐納指出，在二十世紀中葉的早期美國烹飪書中，例如貝蒂・克羅克（Betty

Crocker，又譯貝蒂妙廚）品牌推出的烹飪書，其照片是從一臂之遙的距離拍攝的，或是展示了晚餐的場景，包括桌上的擺設，所以人們可以想像這道菜餚放在自家餐桌的景象。「取向」（Orientation）是美食情色圖片的另一個微妙但重要的部分，雖然照片裡的燈光、角度和構圖各不相同，但所有跡象都顯示，無論拍攝的是什麼食物，它都具有一些美麗的、感性的，也許還有一些隱藏的元素。美食情色圖片絕對不是實用或純粹功能性的，而是感官性的，它會把你拉近，讓你的感官感到興奮。

麥克唐納指出的最後一個特徵是「景深」，這是一種攝影技術，只會聚焦在一個物體的某些部分，使其清晰呈現，其他部分則模糊不清。在美食情色圖片裡，酥脆的邊緣、色彩鮮豔的光澤、完美滴落的汁液等等，都可以成為焦點所在，因此，攝影技術本身可以幫助觀者準確地知道視線該放在哪裡。

攝影技術、色情凝視、陽具和陰部食物，以及一般人略微（或徹底）無法觸及的東西，都是典型的美食情色圖片。人們創造了一整套的圖像，當作那些應該觀看、嗅聞和品嚐之事物的視覺替代品。

在繪畫史上，有許多客體的圖像表現都是透過第一手經驗，而這種爆炸式的美食情色圖片有了自己的生命，遠遠超出了藝術領域。一方面，它進入了實際烹飪的替代品領域（據估計，人們觀看烹飪節目的時間，比親自烹飪的時間更長），另一方面，許多人透過美食情色圖片旅遊來拓展自己的身分，使用美食情色圖片當作社會地位的一種形式。

情色圖片、女性與食物

人們使用美食情色圖片的一種方式，是當作食物的替代品。當然，它不是字面上的替代，而是一種隱喻，這跟色情作品成為性愛的隱喻替代品的作用是相同的。然而，在這兩種情況下，它都不是一種非常健康的替代品。那些被取代的事物，是重要的、有意義的，以及賦予生命的；但取代它們的事物，卻只是一個人所需之事物的模擬。

女性與美食情色圖片的關係，不同於男性與這類圖片的關係，因為女性與食物本身有著非常不一樣的關係。在歷史上，男性可以選擇更好的肉類、更多的蛋白質和更多的分量；他們比女性先用餐，也把自己跟肉類連結在一起。所謂的男子氣概，通常包含了女性很少分享的關於吃肉和食量的態度，也就是男性需要吃肉，而不吃肉的男性是不具男子氣概的，甚至是女性化的。⑯

另一方面，女性長期以來一直覺得有必要透過飲食來控制自己的身體，往往會吃更多的蔬菜，攝取更少的肉類蛋白質。至少在過去的五十年到七十年裡，女性比男性更擔心自己的體重，因為已發展國家的食物供應更加廣泛，帶來了過多可攝取的熱量。

一些患有厭食症的女性會透過觀看食物圖片來代替進食。厭食症相關網站還曾建議，觀看美食情色圖片是抑制飢餓和食欲的有效方法。[17]但更重要的是，女性會透過觀看其他女性的照片來對照自己，也會透過觀看食物的照片，來衡量自己應該如何烹飪和打扮。在這兩種情況下，她們最終都會把自己和技能保持在一個不可能達到的標準，因為這個標準是由一個專家團隊進行美化、修飾和創建的。當理想的形象取代了女性身體的實際可能性、她們提供的料理，或是食物外觀的應有模樣，那麼身體畸形恐懼症（body dysmorphic disorder，又稱身體臆形症）就會出現，造成沒有任何東西能完全符合標準的情況。

羅莎琳．考沃德在《女性欲望》一書中，描述了女性渴望食物的方式，以及她們渴望吃那些不能吃的食物之方式。對於美食情色圖片，考沃德關注的是，美食情色圖片對女性來說是一種真正的幻想。她聲稱，就像男性對女性懷有幻想，女性對飲食也懷有幻想。就像性愛色情作品一樣，欲望的客體（對象）是完全脫離背景脈絡的，不會有任何混亂情況和後果。

性愛色情作品裡的女性都被物化，因為她們被捕捉到的只有性魅力，別無其他。她們是單一面向的，沒有過去和未來，也沒有個性和問題。美食情色圖片的情況也是如此。食物被烹調得很完美，擺放在陳設美麗的餐桌上。在製作或飲食的過程中，都沒有需要清洗的盤子。這是一道沒有包袱的料理。對於考沃德來說，這些圖片不只是情色圖片，它們是食物的性愛圖片，而且「充滿光澤感又性感的攝影方式，使得女性的口腔欲望和愉悅合法化，而這種方式從來不曾使女性的性興趣（sexual interest）合法化」。[18]這些圖像還可以在食物和油脂之間建立直接的連結，但這兩者很快就會為女性帶來愉悅和罪惡感。因此，這些圖像是女性所能擁有的全部。

對女性來說，許多罪惡感與味覺放縱有關，以至於她們很難再感受到飲食的完整愉悅。因此，觀看圖片是一種（微弱的）替代品，可以取代真正的甜品、油膩食物和餡料。考沃德認為，「性愛色情圖片是一種圖像展示，證實了男性對自己擁有支配女性之權力的感覺，而美食情色圖片則是一種令人愉悅的圖像體系，對它的觀者——女性——產生了相反的影響」。[19]男人想像著自己在色情作品中主宰女人，但女人只能想像自己沉溺於吃下照片中豐盛又放縱之食物的愉悅中。如今，「女性只能沉迷於照片，而不是真正的食物」的想法，在名為「飢餓女孩」和「吃我無罪惡感」（eat me guilt free）的食譜網站和部落格中，獲得了徹底的實踐。

據我所知，大多數針對女性的廣告，都是關於減少食量和改善身體。這不僅是因為「瘦」是一種理想，還因為「胖」是不可愛又失控的。有一項研究清楚地顯示，吃健康飲食和瘦削的人，被認為更道德、更聰明、更有吸引力。[20]不幸的是，反之亦然，那些吃高脂肪、高碳水化合物飲食，以及過重的人，都被認為不道德、不聰明、不吸引人。

在行銷公司mo4的一則廣告中，一名女士嘴裡吃著蛋糕，手上拿著一張完整蛋糕的圖片，站在一條直線的前方，好像在拍嫌犯大頭照。她臉上的驚恐表情和襯衫上的蛋糕屑，讓她看起來顯然有罪。然而，她身後的直線不是在測量身高，而是在測量體重——達到驚人的八十公斤。她的體重使她有罪，她吃的蛋糕也使她有罪。這則廣告的主題是「無罪惡感食物」（guiltfree foods），也就是人們永遠不會因為吃它而感覺不好的健康食物。[21]

這類廣告陰險又無所不在。它們告訴男性和女性，食物可以是好的，也可以是壞的，有好的熱量，也有壞的熱量，最糟糕的是，飲食會讓你變得差勁又有罪惡感。當我們有罪時，就需要受到懲罰，而在這種情況下，我們可能會選擇挨餓或是到健身房運動。如果我們只沉迷於照片，也許就不會有罪惡感了（那隻雞也會因為它是惡劣的存在而受到懲罰！）。

羅莎琳．考沃德認為，女性喜歡觀看食物的圖片、在床上閱讀烹飪書，這樣就能假裝自己正在飲食。她們幻想著自己正在吃那些被禁止的食物，也幻想著那些會帶來罪惡感和羞恥感的事情。但是，當女性禁食時，也會戒除欲望，除了社會環境可能要求的方式之外，還包含不需要控制的其他面向。考沃德補充道，她認識的大多數女性都會在床上閱讀烹飪書。她說：「幾乎沒有什麼活動比得上躺在床上用一本好看的食譜書來讓自己放鬆。」[22]她指出，女性使用「食譜書做為滿足口腔欲望的輔助手段、想像食物新組合的興奮劑，以及製作美味佳餚的點子」。㉓根據考沃德的說法，女性對飲食懷有幻想，也喜歡想像她們如何為丈夫和家人準備美味的菜餚。

考沃德的說法似乎與《雞的五十道陰影》所描繪的相反。在這本書及同類書籍裡，女性被描繪成想要被處理、束縛和吃下。然而，這是一種更以男性為中心的色情作品手法。正如考沃德所說的，男性經常使用色情作品來想像自己支配和享受女性的情境。女性則會使用美食情色圖片來控制自己的食欲。

我從來沒有在床上讀過烹飪書，但對我來說，成年女性用這種方式來取代飲食，是很不幸的。正如色情作品是人們可以用來代替性愛的事物一樣，觀看食物圖像也是一種替代性的事物，完全不同於參與實際活動。事實上，沒有任何人的食物看起來像美食情色圖片裡的食物。真正的食物沒有光澤感，也沒有滴落的汁液，也經不起這種特寫鏡頭的拍攝。但這正是美食情色圖片能夠給予人們，而真正的食物卻做不到的事。它將食物理想化並物化，就像色情作品將肉體物化一樣。美食情色圖片將普通的食物提升為一種審美客體（對象），可以單獨在視覺上思考。

歷史學家瑞秋・克里維斯（Rachel Cleves）認為，女性想要看食物而不是吃食物的傾向，已經有很長的歷史了。其中的根源之一，來自早期衛理公會傳統及其創始人約翰・衛斯理（John Wesley）。他在《基礎醫學》（*Primitive Physic*）一書中推薦的飲食，主要包括不含香料的清淡食物。他表示，「沒有什麼比（性方面）的節制和清淡食物更有利於健康。」㉔衛斯理宣稱「所有醃製、燻製或鹹味的食物，以及所有調味強烈的食物，都是不健康的」，他明確指出了調味食物與不道德的行為之間的關聯。瑞秋・克里維斯提到了，有一些女性成長於提倡衛斯理對食物的嚴格要求的文化中。

據說，二十世紀的食譜作家伊麗莎白・大衛（Elizabeth David）在「狂熱地寫下需要橄欖和奶油、白米和檸檬、油脂和杏仁的食譜」時，積極地摒棄了衛斯理的規條。㉕她的知名言論是「我意識到，在一九四七年的英國，我寫下來的這些文字都是髒話」，因為「這種公開表達飲食愉悅的方式，被認為是禁忌」。㉖

女性正在閱讀關於放縱的食物的書籍，並且觀看烹飪書中的圖片，就算它們清楚地顯示出道德上的不穩定性，因為自從早期基督教以來，貪食和欲望一直是一體兩面的事。據說，其中一個直接通向另一個。瑞秋・克里維斯指出，西元四世紀的苦行修士埃瓦格里烏斯・龐帝古斯（Evagrius of Pontus）宣稱，貪食是欲望之母，「品味的愉悅，直接導致了性欲」。㉗

在禁止性欲的情況下，特別是對女性而言，閱讀有關食物的內容和觀看照片，長期以來一直是實際放蕩行為的良好替代品。

二十世紀初期，哈維．家樂（Harvey Kellogg）醫師在密西根州巴特爾克里克（Battle Creek）的療養院，倡導了與衛斯理類似的飲食。家樂發明了玉米片，做為高碳水化合物之素食飲食的一部分，同時，他提倡嚴格的性節制、大量的咀嚼，以及每日以優格灌腸。家樂相信優格中的細菌可以幫助清理大腸，這將徹底淨化身心，使人保持道德和健康；他認為，道德和健康是同一件事。

哈維．家樂警告人們不要攝取肉類、酒精和辛辣的食物，並聲稱這些食物都會刺激性欲，削弱體力，使得身體容易生病。家樂最初遵循的是基督復臨安息日會關於食物和性的教義，同時，他開發了可以抑制性欲的食物，並且是有助於改革酒精和菸草的「清淨生活運動」（clean living movement）之早期倡導者。

諷刺的是，哈維．家樂後來被教會「開除」了，但他仍相信教會的教義，並繼續鼓吹反對肉類、香料、酒精、性和手淫。根據家樂的說法，人們不需要區別對待兩種性別的人，但這位早期的飲食和健康企業家，對於克制和拒絕都給予了最高的尊重。㉘這是已經形成的態度之核心，也就是偏向罪惡感而非愉悅，偏向以一種特殊的方式來看待這個會工作、老去、衰弱，最重要的是會飢餓和渴望的身體。

罪惡感和飲食之間的關聯非常強大。而且，重要的是，愉悅似乎是飲食的羞恥和性欲的羞恥之間的共同點。如果女性被告知的訊息是，周圍的形象是她們應該渴望的，而且她們做了那些明知無助於塑造該形象的事情，那麼她們最終可能會認知失調，更糟糕的是會導致罪惡感、困惑，以及她們與食物之間的不愉快又不健康的關係。觀看美食情色圖片，可以幫助她們緩解那些與吃太多的罪惡本性有關的負面情緒，甚至從飲食中獲得愉悅。

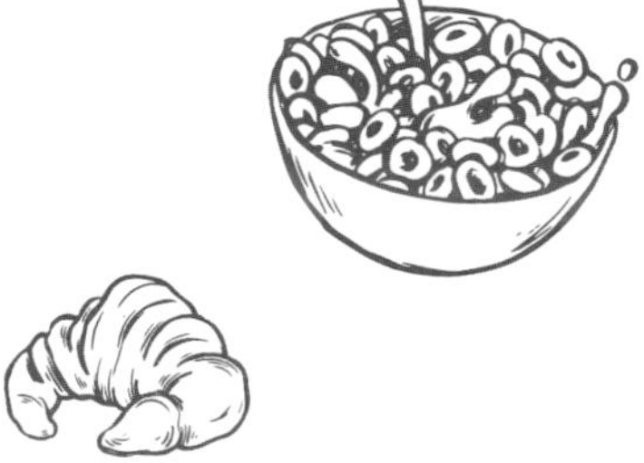

食物的美學

一張圖片可能抵得上千言萬語，但它並不是充實的。美食情色圖片顯然不能填滿人們的胃，但確實在其他方面滿足了人們。以色情作品滿足某種需求或欲望的方式而言，食物的再現性圖像似乎也具有同樣的作用。當然，色情作品的種類，就跟觀看它們的人的品味一樣多元，但是，以圖片來代替真實體驗，這對人類來說並不是什麼新鮮事。

隨著電視和現今網路的出現，美食情色圖片的使用已經演變成更常見且平凡的事物。人們已經被電視迷住一段時間，至少從一九五〇年代開始，電視就大受歡迎，並且進入了大多數的美國家庭。但是，當人們透過電視節目觀看別人烹飪和用餐，同時想像自己正在做這些事的時候，其實是以極端消極的態度在使用美食情色圖片。

然而，食物的圖像表現比電視和雜誌廣告更早出現。藝術史上充滿了食物畫作的例子。除了一碗水果的靜物畫之外，還有關於人們飲食、各種宴席，以及水果、麵包和肉類的美味質地的畫作。十七世紀，隨著愈來愈多人接觸到繪畫和相關培訓，荷蘭靜物畫被提升為一種重要的形式，而且，中產階級家庭裡擁有畫作的情況，變得愈來愈普遍。

這種繪畫類型不只是關於正確展現水果和麵包的質地及透視效果的困難技巧，還展現了擁有者的財富和地位，以及具有取得農產品、肉類和魚類的機會。這些食物畫作受到如此高的尊重，對於接下來兩百年的西方繪畫產生了影響。就像這個時代的典型情況一樣，桌子上的食物不會整齊地排列，而是以食客剛去過那裡的方式來擺放。這將邀請觀者成為陳列之食物的一部分。

在彼得．克拉斯（Pieter Claesz）的一幅關於螃蟹的靜物畫中，餐桌上的食物雜亂無序地擺放，不像在一張合乎體統的桌子上那樣整齊或對稱。一顆檸檬被削去了一部分的皮；麵包被切開，已經可以吃了，刀子留在桌上，就像剛被放下一樣，而且刀柄可以讓觀者拿起。去皮的檸檬邀請觀者想像它的氣味；切開的麵包則邀請觀者期待它的味道。這些十七世紀的畫作最引人注目的地方，就是讓觀者成為畫作的一部分，藉此來吸引觀眾。正如藝術史學家肯尼斯．班迪納（Kenneth Bendiner）所解釋的，「觀眾就是用餐者，因此那些把手朝外的刀子，都是『一起來用餐』的邀請信號。」㉙

這與二十世紀畢卡索（Picasso）的許多畫作並沒有什麼不同，例如，〈亞維農的少女〉（Les Demoiselles d'Avignon）是以巴塞隆納的一群妓女為主角的抽象畫。畫中有五位（刻意裸體的）女性，她們面朝前方並圍成一圈，而在圓圈前方的應該是觀者。有趣的是，前景中有一塊甜瓜，可能會讓人聯想到水果的靜物畫，但是，甜瓜和女人都被賦予了尖銳的角度和嚇人的邊緣，這一點都不會讓人聯想到美味的水果或誘人的女體。在這幅畫的草圖裡，有一個位在前景、背部朝向觀者的人物，因此畫中的女人圈是完整的；但由於這個人物在最終的畫作中缺席，顯然是在邀請觀者想像自己參與其中。

這與十七世紀的食物靜物畫所發出的邀請是一樣的：成為圖像的參與者，而不是客觀地思考畫中事件的外部觀察者。裸體畫和食物畫以同樣的方式邀請觀眾，這並非偶然。當畫作的透視法以這種方式呈現時，觀者應該更會感覺到自己被包含在內，因為他們實際上就站在第四面牆上。雖然有一些畫作明確地將觀眾定位為外部觀察者，但在另一些繪畫作品中，餐具、盤子和食物被安排在易於接近的位置，以邀請觀眾進入畫作裡的空間。

「客觀性的理想」也是審美無私性的重要面向之一。次級感官（味覺、嗅覺和觸覺）不能提供適當的距離。正如二十世紀早期的哲學家愛德華・布洛（Edward Bullough）所說，「心理距離」不允許人們客觀地沉思所感知到的事物。他解釋道，「視覺和聽覺的客體（對象），與主體之間的實際空間距離，強烈地促進了由視覺主導的美感愉悅的壟斷之發展」。㉚

但是，前述類型的畫作拒絕這種方式，我想，許多色情作品也是如此，它們都會讓觀眾富有想像力地參與其中，而不是與其保持距離。因此，儘管畫作和色情作品都是視覺的，卻都會讓觀者縮小了自己和被觀看者之間的距離。「客觀性」大概是藝術品和色情作品之間的主要區別之一。當觀者無私地觀看一幅圖像時，它可以像藝術品那樣發揮作用，而當觀者「感與趣地」觀看同一幅圖像時，它就會被解釋為色情作品。

當代哲學家漢斯．梅斯（Hans Maes）駁斥了色情作品與藝術品相互排斥的觀點，因為人們對於單一的圖像表現可能會有不同的反應。他說，大多數學者因為色情作品缺乏審美和藝術特質而拒絕它，但他認為這其中並沒有固有的差異；未來的色情作品業者應該注意那些對於更好、更有趣的圖像表現的呼籲。[31]正如梅斯所建議的，美食情色圖片不必擔心它會受到更嚴肅的對待，正如色情作品，它的影響性並不是因為其嚴肅性或重要性，而是因為它的盛行。

二〇一六年，康乃爾食品與品牌實驗室（Cornell Food and Brand Lab）的一組研究人員進行了一項有趣的實驗，試圖找出美食情色圖片的起源。他們意識到人們已經畫食物超過五百年了。為了進行研究，他們把範圍縮小到西方五個藝術水準最高的國家（荷蘭、法國、義大利、德國、美國），並且評估了西元一五〇〇年至二〇〇〇年之間畫作中有食物的作品。研究結果有些令人驚訝，但對於二十一世紀的美食部落客來說可能習以為常，也就是：美食畫作並沒有描繪出委託創作這些作品的人各自家庭的典型飲食。

當人們委託繪製畫作時，會希望畫家描繪出比他們的日常飲食更罕見、更上層的食物。例如，十九世紀歐洲的大多數麵包，都是由非常粗糙的棕色麩皮麵粉製成的，只有上層階級食用由精細的白色小麥麵粉所製成的麵包，而在畫作中所描繪的通常是這種麵包。此外，儘管雞和鵪鶉是中歐地區最容易獲得的蛋白質來源，但魚和貝類被描繪的頻率遠高於家禽。以蔬菜和水果來說，朝鮮薊與檸檬最常被描繪，但這兩者都相對稀少。

消費者行為專家布萊恩．汪辛克（Brian Wansink）寫道：「荷蘭的畫作以大量海鮮為特色是可以理解的，因為荷蘭有五十％以上的邊境都被水包圍，大多數人口都居住在距離大海一百公里以內的地方，但對於德國這個水資源更加有限的國家來說，值得注意的是，有三十％的畫作仍然是以海鮮為特色。」[32]至於水果和蔬菜，研究顯示，人們選擇描繪哪些水果和蔬菜的原因，可能不只是為了地位，還因為它們的描繪難度更高。這項研究所發現的一個驚人結論是：最常描繪的食物，是人們不常吃的食物。不足為奇的是，現實和圖像之間彼此脫節，就像現今一樣。

這是一個充滿圖像的社會，圖像如此之多，以至於在大多數日子裡，人們甚至沒有意識到自己看到了多少。《富比士》（*Forbes*）雜誌的行銷部門估計，美國人每天在電視、廣告牌，以及手機和社群媒體上，看到大約四千張圖像。[33]人們只要一走出家門，就會看到大量的商品和消費品圖像。

美食情色圖片看起來似乎無傷大雅，但實際上卻為人們對於食品外觀和飲食方式的信念，奠定了背景基礎。圖像構建了人們的信念，而信念構建了人們的世界觀。

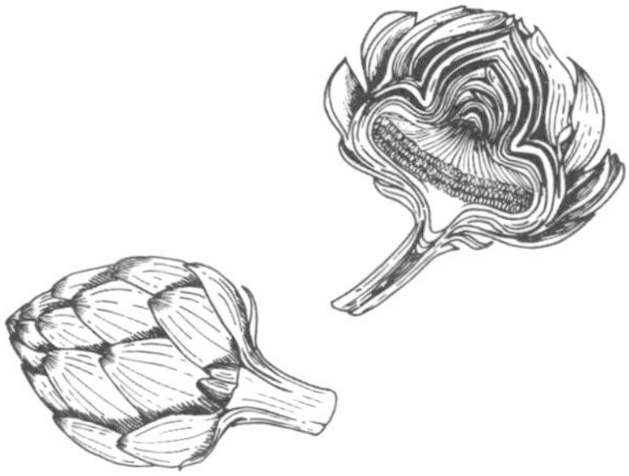

古代對於再現（representation，又譯圖像表現）的擔憂始於柏拉圖，他的形而上學中包括了「形態」（Form）或抽象理想（例如美），以及物質顯現（physical manifestations，例如美人）的區別，還有物質顯現的再現或模仿（例如美人的雕塑）。

在《共和國》（*Republic*）中，柏拉圖論述著自己的形而上學，到了第十卷末尾，他的主要擔憂在於理想城市兒童的教育品質。如果一個人是從模仿中學習，而不是從真實中學習，那麼過程中所傳達的並非真理，而是真理的蒼白反映。這就像是從糟糕的食物照片或平面畫作中了解食物，而不是全面地了解食物是什麼、它來自哪裡、用於什麼，當然還有它的味道。如果學習者認為自己在學習真理，但實際上只是從模仿中學習，那麼他們不會知道要去要求更好、更完整或更真實的東西。

柏拉圖聲稱，較低層次的模仿知識會對人們產生有害的影響，唯一的「解毒劑」是真實的知識。模仿藝術似乎腐蝕了「所有聽眾的心靈，而這些聽眾並不具有能用作解毒劑的關於真實本質的知識」。[34] 如果你沒有被教導去重視真實，將會習慣於相信不一致的真實，而且沒有可靠的方法來區分真理和觀點之間的差異。因此，對於柏拉圖來說，真實與被模仿的事物之間，存在著重要的區別和距離。

不幸的是，這代表柏拉圖被解讀為模仿藝術的對手，包括詩歌、繪畫和音樂。如今，這其中還包括了攝影、小說（包含虛構和真實的）、電影，可能還有大多數的舞蹈作品。無論柏拉圖的意圖是什麼，又在《共和國》中提到了什麼相關的論述，他都對於「再現」（模仿）抱持謹慎的態度，因為它們把注意力集中在一個客體的各個面向，但這些面向只是表面上的，並沒有掌握事物的真正本質。

這正是我對美食情色圖片的擔憂。它是食物的圖像表現（再現），但人們對這些食物不應該只是觀看而已。人們應該攝取並品嚐它。柏拉圖所擔心的，不僅僅是關於將三度空間客體理解為二度空間客體，還有關於（錯誤地）認為一個人可以從二度空間客體中獲得知識，就像它是三度空間客體的知識一樣。關於美食情色圖片，假設我們只談論視覺類型（而不是讓派屈克·史都華向你敘述性感的雞肉按摩），那麼食品廣告中的圖像就是粉飾而成的，就像模特兒在拍照前精心裝扮一樣。

在美國，食品廣告法要求廣告中要使用實際的食品，但這個產業也有專業的「食品造型師」，他們的工作是使食品看起來盡可能令人垂涎。這包括了使用矽膠噴霧劑來保持光澤，使用穩定劑來保持冰淇淋不會融化，使用膠水代替牛奶來做穀物廣告（因為他們不賣牛奶！）這樣一來，麥片就會浮在牛奶上面，看起來質地飽滿，此外，在漢堡的各層餡料之間也會用硬紙板支撐，以便增加高度。當然，許多美食情色圖片的主角是由技術嫻熟的廚師創作的，而不是食物網站所稱的只是「家庭廚師」。

人們在廣告中看到的，並不是人們在餐盤上吃到的。任何速食漢堡、麥片、乳酪披薩或蛋糕，都可以證明這一點，它們在照片中閃閃發光，但在現實中卻相形見絀。柏拉圖認為，問題不在於知識，而在於信念。如果一個人對世界有錯誤的信念，就不可能擁有可靠的知識。美食情色圖片的一個問題是，它為人們提供了關於世界的錯誤資訊，使得人們在得到真實的事物時一定會失望。比失望更糟糕的是，人們更有可能出錯。

法國後現代主義大師尚・布希亞（Jean Baudrillard）在《擬仿物與擬像》（*imulacra and Simulation*, 1981）中，用一種非常現代的方法解決了柏拉圖所提醒的問題。㉟布希亞講述了阿根廷作家豪爾赫・路易斯・波赫士（Jorge Luis Borges）的一個著名寓言，內容是一名帝國的製圖員被召喚去繪製一幅詳細的領土地圖。製圖員將地圖繪製得如此之大、如此詳細，以至於覆蓋了整個領土。隨著帝國最終瓦解，地圖也隨之瓦解，磨損的地圖最終成為衰敗帝國的準確隱喻。

諷刺的是，「雙重老化」（ageing double）最終與現實相融合。[36]這就是布希亞所說的對於擬像的「最佳寓言」，也就是複製品最終比原物具有更多的意義和真實性。這個寓言提到了「擬像不再是一片領土、一個參照物或一種物質。它是由模型生成的，是不具有起源或現實（reality）的真實（real）：超真實（hyperreal）」。[37]布希亞的意思是，國家不再為地圖提供模型，而是地圖定義了國家；地圖變得比國家更真實，因為國家不再存在。地圖和土地之間的關係不是再現（representation），而是表象（appearance），而表象成為現實。最終，原物完全消失了，人們剩下的只有模仿或擬像。對布希亞來說，沒有原物，只有複製品；複製品是真實的，因為它是一種新標準，也是觀點和知識的新基礎。

當人們無休止地看著高度格式化的圖像時，就忘記了它們並不類似於原物，也不代表原物。於是，在這樣的遺忘中，新的意義被建構起來。人們購買的麥當勞漢堡，從未跟廣告裡的漢堡相同，但廣告對觀眾來說變成了現實，而且是人們想到這些漢堡時會浮現的想法。尚・布希亞提出的「超真實」似乎違反直覺，因為大多數人似乎都具有區分真實與再現的能力。但是，他在一九八〇年代初期的論述不僅具有潛在破壞性，也為二十一世紀的人們預測了非常準確的現實。

「超真實」是現實與虛構無縫交織的地方，因此人們無法真正區分兩者。真人秀電視節目、電腦合成影像（CGI）電影、整形手術、智慧型手機上的濾鏡功能、經過修圖的照片、呈現馴服了大自然的整齊花園，甚至是由運動員表演超人類壯舉的專業運動，都是「超真實」與真實無縫融合的例子。

我們的手機似乎提供了永無止境的體驗，能夠以各種方式為人們重新創造現實。例如，最近我注意到自己更傾向於使用手機應用程式來查看天氣狀況，而不是去看（或走到）外面。社群媒體在創造「超真實」方面，比其他任何領域具有更大的影響。我們在這裡向「朋友」展示自己的「現實」，同時完全可以控制它的內容，裡面只有最美的照片、最有趣的經歷、最幸福的育兒時刻。

我們在社群媒體上看到的，很難準確地展現我們自己，但這怎麼可能呢？人們大多在社群媒體上投入了大量的時間和興趣，而對許多人來說，任何貼文的點「讚」次數，都會對他的自我價值產生很大的影響，無論是好或壞。人們也很容易被假冒身分的騙子詐欺。網路的整體性質，允許那些誇張、謊言、捏造和半真半假的事物，成為人們以視覺關注的內容，並且最終成為人們認為真實的內容。人們知道的事物，與人們自認為知道的事物，就這樣融為一體，難以區分。

許多電影都把這種後現代狀態當作故事的背景，《駭客任務》（*The Matrix*）、《X接觸：來自異世界》（*Existenz*）和《楚門的世界》（*The Truman Show*）只是其中三個例子。柏拉圖可能預言了類似於「無法將現實與超真實區分開來」的這種失敗，而且我相信，他最害怕的惡夢是：一個在現實與對現實的幻想之間無縫切換的世界。如此一來，那種知道世界上任何事情的能力，將會迅速消失。我想，這就是人們得到假消息的原因。

但是，在現今的世界上，美食情色圖片隨處可見，其中的圖像比實際的食物「更真實」，而實際的食物在現實中並沒有那麼吸引人。這就是為什麼那些大規模槍擊事件（或戰爭經歷）的目擊者會說：「這就像是一部電影。」對於大屠殺，他們唯一有意義的參考來源，就是在電影中看到的類似事件。

在電影《駭客任務》中，那些生活在母體（Matrix）之外的人，實際上是住在一個單調的地下世界，他們知道這是「真實的現實」（real reality），因為他們對於現實的模樣具有真正的知識。其他人則以意識形式生活在一個電腦生成的世界「母體」裡，它被設計為要產生（虛假的）愉悅。當生活在母體之外的人吃早餐時，會吃一碗蛋白質糊狀物，其中一個角色將其描述為「一種結合了胺基酸、維生素和礦物質的單細胞蛋白質，是身體所需的一切」，但它看起來和嚐起來都很清淡。「牛排場景」是電影中最令人心痛的部分之一，賽佛

（Cypher）喜歡吃一塊「多汁美味」的牛排，他知道這只是母體創造的一種感覺，讓他體驗到了這塊「牛排」。不過，他還是完全樂在其中。賽佛在幫助特務史密斯（Agent Smith）打敗莫菲斯（Morpheus）之後，要求回到母體，並抹去對真實世界的所有記憶，尤其是多汁牛排只是一種感官模擬這件事。

這部電影對於「人們能否真正知道現實」這個問題，提出了經典的哲學挑戰。它甚至在一開始就對尚．布希亞致意：在環視尼歐（Neo）的公寓時，布希亞的《擬仿物與擬像》這本書就放在沙發旁的桌子上。我們很容易就忽視這部電影對於「人們可能知道或不知道現實」的激進描述，但這部電影所探討的，以及布希亞的「超真實」概念所指出的，正是美食情色圖片所帶來的問題。當人們跟一個客體（對象）的擬像物互動時，與該客體之間的關係，並不同於與「真實」客體的關係。圖像開始影響了人們的期望。

尚．布希亞強調，迪士尼樂園是人們失去原有的帝國，並對其模仿品賦予價值的最佳例子之一。他說，在迪士尼樂園裡，現實主義的幻想、過往的真實尺寸的房子（以及過往的氛圍）、唐人街、專屬的紙幣，以及所創造的特殊效果，都會產生虛假的現實，或是不代表任何真實的超真實；從哲學的角度來看，它沒有恰當地參照。

曾去過迪士尼樂園的唐人街（或義大利、墨西哥或其他任何國家的模擬活動）的人，都會相信「自己知道身處這些地方的感覺」。布希亞擔心，這些迪士尼式的體驗，會讓人們相信「自己知道體驗這些地方是什麼感覺」，因而不需要旅行，不需要了解另一種文化或語言，也不需要體驗整個社群（甚至是糟糕或危險的部分）。

這些體驗會取代人們在實際地點的體驗。例如，唐人街裡至少有三家不同的餐廳提供「正宗中華料理」，但就像西方的大多數中菜餐館一樣，他們提供的是美國化的中華料理。正宗的「中華料理」不太可能是西方人會吃的任何東西，因為它包含了太多不熟悉的食材，以及魚和其他更新鮮的動物。但我們可以在離開後想著：我們知道中華料理是什麼樣子，或許還知道身在中國的感覺。（因為那裡有一個兵馬俑複製品和一段長城。）

在最新一季的廚藝競賽節目《頂尖主廚大對決》（*Top Chef*）中，參賽的廚師每週都要面對不同的烹飪挑戰，以獲得「頂級主廚」的稱號，其中一項挑戰就是做出適合拍攝網美照片的料理（包括各種垃圾食品，如奧利奧餅乾和 Easy Cheese 液態乳酪）。只要那道料理在 Instagram 網站上獲得最多票數，就贏得了挑戰。

食物的外觀，以及使用智慧型手機的鏡頭拍攝後的外觀有多美，在餐飲業中變得愈來愈重要。人們會為自己即將要吃的食物拍攝快照（我會稱之為「相機美食」〔camera cuisine〕，而不是美食情色圖片），並且替他們在餐廳裡的餐食照片加上地理位置標籤，這樣一來，任何查看谷歌（Google）地圖的人，都會看到這些餐食的快照，而不是餐廳自己想放在這個網頁上的任何照片。

《頂尖主廚大對決》這個節目融入了創造適合拍照的食物之傳統中，而這個傳統持續在成長壯大。一些餐廳改變了菜單，因為他們做的料理沒辦法讓人拍出美照；他們製作的新料理往往更加豐富多元，盤子裡的食物也更加多樣化。當廚師製作出能夠拍出更美照片的料理時，味道的地位就排在圖像之後。當'Insta'變成了真實，食物也就不復存在。

作家奧莉薇亞・派特（Olivia Petter）在文章〈Instagram如何摧毀餐廳〉中問道：「如果你沒有Instagram它，那麼它會發生嗎？」㊳這句話大概是引用自大衛・休姆對於倒在森林裡的一棵樹的問題：「如果周圍沒有人聽到，那麼它會發出噪音嗎？」但是，適合拍照張貼到社群媒體的食物（以及生活的其他面向），在現今已經變得如此流行，讓這句話成為每個人都能理解的笑話。

造成這種情況的原因有很多，包括社會經濟面的解釋、炫耀自己享用的美食種類、健康習慣、烹飪／烘焙技能、直接的社會地位等等。雖然人們確實傾向於使用Instagram來記錄生活經歷（尤其是購買的東西），但部分原因可能是我們想跟他人分享自己的餐食。分享餐食反映了一種非常基本的人類本能，而且這在數千年來一直是家庭、友誼、宗教和文化的重要組成部分。適合張貼到社群媒體上的餐食，可能是表演性的，但派特認為，這也是一種邀請，「基本上，它擴大了餐桌上的人數」。[39]

無論是性感的雞肉，還是過於放縱的焦糖醬布朗尼，美食情色圖片都強調了食物的視覺性（通常也是性愛）的本質。它還強調了食物的感官本質，以及人們試圖捕捉的一個瞬間或一道菜餚的方式。雖然美食情色圖片在定義上沒有嚴格的界限，但是它與性愛情色圖片的相似性，使它被提升到能夠呈現「烹飪和飲食可以表達過量、愉快和欲望的深度」這件事的地位。單純地享用食物，無法讓食物提升到同樣的地位，因為它不會被分享到一個人的餐桌之外。無論是試圖讓別人知道我們會烹飪、我們吃的食物很有趣、美味或放縱，還是我們在旅途中體驗到的新美食佳餚，美食情色圖片都能讓人們即時捕捉到以前從未捕捉到的東西，也就是食物的圖像。

Chapter 6

食譜與循規蹈矩

On Recipes and Rule Following

美國飲食文化作家麥可．波倫寫道：「當文化涉及到食物時，只是一個用來稱呼你母親的華麗詞彙。」①義大利飲食史學家馬西莫．蒙塔納里更進一步地說：「食物就是文化。」②當食物被生產出來、食用，以及我們選擇某些食物而非其他食物的時候，就體現了文化。蒙塔納里和波倫的說法都指出了，在我們是誰、我們思考自己的方式，與我們如何透過飲食和烹飪做到這些事之間，有著非常深刻的關聯。

但是，讓這兩種關於食物和文化的主張成為事實的，是烹飪本身所具有的轉變性質。當人們在烹飪時，無論是不是身為「母親」，都會改變大自然，並將其轉變為文化。為了餵養家人，人們根據居住地選擇了可取得的食物。人們創作的菜餚不僅營養豐富，還將民族和宗教意義嵌入家庭與社群之中。人們將生鮮食材轉化為具有嶄新風味、質地和特質的菜餚，如此一來就可以更輕易地消化它們，也能更充分地享用各式各樣的食物。

從哲學上來說，這代表「烹飪」是身分議題的核心（我所吃的食物，說明了我是誰），也是人們思考什麼是真實和具有意義的絕對基礎；透過烹飪，還能了解人們如何處理不同的疑難模式。烹飪的本質體現了改變的本質，因為它將大自然轉化為文化。將食物轉變為文化，是許多宗教習俗、文化和民族認同的基礎，同時，一起用餐也是人們與他人聯繫的主要方式之一。

「吃得好」是擁有美好生活的最重要面向之一，但我想研究的不僅僅是「吃得好」意味著什麼，而是烹飪如何為理解哲學理論和框架提供一個平台。此外，人類並非天生就知道該如何烹飪，因此，人們如何學習烹飪，又是如何解釋這些知識，就顯得很重要。

人們必須烹飪才能生存，但這件事在哲學史上沒有得到太多的讚譽或檢視，因為「吃得好」與「生活得好」緊密相關。我認為，哲學家沒有認真對待烹飪，是因為在人類歷史的大部分時間裡，烹飪通常是女性的工作。把烹飪當作思考問題的一種模式，這是我們從未見過的，因為相關範例通常取自男性的典型活動。③

食物的存在是短暫的，因為它的本質是要被人們烹煮和攝取，而不是像畫作那樣可以世代相傳。烹飪是實際的，不是理論的。當然，飲食與身體的生理特性有著深刻的連結，而這正是哲學家通常會淡化的事，因為生理存在的主觀性質非常難以描述，尤其是在與心靈的運作方式相比之下。

有沒有更富成效的方法，可以讓人們將烹飪當作發展哲學理論的模式？人們通常會陷入對於理論和實踐的二分法思考，而烹飪是否可能成為第三種選擇呢？換言之，在思考烹飪這件事時，不一定只是關於晚餐吃什麼，它可以幫助我們以一種全新的方式來思考如何解決問題。

柏拉圖與烹飪哲學

歷來的哲學家談論了感官、品味，以及食物在公平良好的政府中的角色，此外還有關於烹飪的身體行為的知名論述。在柏拉圖的《對話錄》中有一篇〈高爾吉亞〉（*Gorgias*，剛好發生在晚宴上），蘇格拉底將修辭比喻為「烹飪」，試圖定義它，並確定這件事需要多少技巧。他說，與其說這是一門藝術，不如說是一種只會「產生滿足感和愉悅感」的慣例。④修辭只會產生知識的表象，烹飪只會提供肉體上的愉悅，而不是理解上的真正愉悅。

蘇格拉底並不重視修辭或烹飪。在這場爭論中，他試圖區分修辭學與哲學，也就是「真理的表象」與「實際的真理」。他說，烹飪和花言巧語更像是奉承、慣例或本領。⑤雖然〈高爾吉亞〉的內容並不是真的跟烹飪有關，但對於一項不需要太多努力或理解，同時著重於事物外觀而非事物本身的活動來說，烹飪是一個很好運用的類比。

這是《對話錄》中關於烹飪的最知名論述，而在所有哲學都是對柏拉圖學說的一系列補充說明的情況下，難怪烹飪從來沒有被當成一個嚴肅的研究課題。⑥雖然我們對於柏拉圖時代的烹飪方法所知甚少，但我們知道柏拉圖會飲食，而蘇格拉底至少喜歡喝酒，以此來炫耀超凡的理性能力。⑦而且，食物從一開始就在政治哲學中扮演了特定的角色，因為找到食物的來源（透過公路、鐵路和港口），始終是形成穩定的政治實體最重要的議題。但這與烹飪並不相同，烹飪是關於製備食物的實際知識。

當柏拉圖提到烹飪不需要真正的知識時，他所使用的概念是episteme（知識）和techne（技藝、工藝、技能、技巧等技術）。知識的領域是理論，而工藝的領域是實踐。我們對這些概念的理解，已經影響了我們對它們的看法，但總的來說，理論和實踐存在於無法跨越的鴻溝之兩端。理論是抽象的，與特定的問題或學科無關；實踐則需要動手做的經驗。

在《對話錄》中，柏拉圖將幾個不同的學科稱為工藝：「醫學、騎術、狩獵術、牧牛、農業、計算、幾何、用兵術、駕駛船隻、駕駛戰車、政治技藝、預言、音樂、豎琴演奏、笛子演奏、繪畫、雕塑、房屋建築、造船、木工、編織、製陶、打鐵和烹飪。」⑧每一項都需要有從業者，例如醫師或音樂家。但知識並不一定要透過理解來展示。對柏拉圖來說，知識可以從行動開始，但並不總是如此。蘇格拉底的教導和柏拉圖的大部分著作，都致力於以下這樣的觀點：透過適當的（蘇格拉底式的）提問和重點對話，能夠在認知上發展「理解」，而不是透過實踐來發展。這是柏拉圖認識論的顯著特徵之一。

「理解」是一個人所擁有的抽象且理性的東西。「知道某事是真的」和「知道如何做某事」是兩種截然不同的知識。至少對柏拉圖來說，episteme永遠是知識的高級形式。把烹飪當作學習一項工藝（techne）的主要比喻，或許能說明柏拉圖對烹飪這項技能的一些看法，但我想，他認為烹飪技能不具有任何真正的價值。烹飪技能有一些實用價值，但不是關於理解或真相的。這可能是因為古人對食物沒有像現代人這麼感興趣，但更可能是因為烹飪是女性的工作。或許柏拉圖從來沒有想過要烹飪，他在前面的列表中提到的技能，在當時大多是由男性來執行的。

自從理論和實踐被劃分開來之後，哲學家在探討「認識」（knowing）的方式時，經常使用這種二分法。也就是說，「理解」總是被認為優於純粹「做某事」。我們可以按照指示或規則做事，卻不知道自己在做什麼或為什麼要這麼做。我可以在不了解如何烹飪、如何調味或為什麼需要烹煮一定時間的情況下，遵循食譜來烹飪。我也可以在不了解設計原則的情況下，塗繪「數字油畫」。

然而，在某種程度上，「知道」和「做」應該是相互交織的。人們必須要證明自己對某事的理解，才能夠理解某事；而且，人們唯有透過實踐，才能完全理解某事。柏拉圖認為，理論上的理解來自學習、沉思和對話，而不是來自實踐，然而，看一看烹飪的例子，就可以證明事實並非如此。

關於理論知識和實踐知識的辯論，並沒有隨著柏拉圖的時代結束。這是貫穿整個哲學史的中心主題之一：人們似乎無休止地尋求著，要如何準確描述人們認識不同種類事物的過程。烹飪就是一個明顯屬於實踐知識陣營的例子。人們必須透過做這件事，來證明自己知道如何烹飪，而不是透過定義或談論它。

理論和實踐這兩個範疇，都不能充實人們對烹飪的思考。

儘管許多哲學家花了很大的精力試圖準確地描述知識，但二十世紀的哲學家麥可・歐克秀（Michael Oakeshott）提供了一些有用的描述性類別，比典型的理論／實踐劃分更有幫助。歐克秀認為，歷史、科學、實踐和審美是四種主要的認識模式。其中的每一種都應該被理解為不同的種類，在概念上也有所差異，並且基於不同的方式和理由而具有重要性。他認為，「經驗模式意味著一種有所區別且自主的理解，也意味著一個擁有自己的論據，還有評估及穩固這些論據之方式的論述領域。」⑨這代表著，這四種認識模式都會有各自的主張、不同種類的證據，以及各自的證明方法。

所謂的歷史模式，是使用多種不同的來源，重建曾經發生過的事，它是建立在對原因、解釋和結果的敘述中。但是，如果所使用的來源無效、偏差太大，或者有故意遺漏的部分而使得敘述與它應有的樣子截然不同，就會讓之後提出的詮釋變得失效。科學模式的理解，是使用科學方法來進行證明，其中實驗已經完成並且證明它是可重複的。科學的主張必須能夠證明虛假。審美模式的體驗，則是與人們被感官體驗感動的方式有關。藝術、文學和音樂，都能以不同的方式感動人們，這三者都有自己的結構和標準，但不能用歷史或科學的方式來評判它們。

實踐（動手創造）應該被視為另一種知識模式，與其他模式有著根本上的差異。實踐是一種「由下而上」的方法，不依賴理論，而是鼓勵人們動手重複做以展示技能。這可能包括經驗豐富的木匠打造桌子的知識，或是麵包師傅知道麵糰已經發酵完成，可以準備放入烤箱的知識。要是沒有這種實踐，人們就無法理解某些技能。例如，演奏樂器需要重複、回饋和數個小時的練習（實踐）。如果一個人不懂得一些音樂理論，就不可能成為一名優秀的演奏家。然而，再多的理論都無法取代一個人成為合格球員所需要的練習時間。

麥可·歐克秀的詮釋很有吸引力。對於知識的大多數詮釋，都依賴著嚴格且過於簡單的二分法，其特徵是理論與實踐、⑩先驗與後驗（經驗之前或之後），⑪或是顯性知識與隱性知識（容易表達的事物，以及從經驗中獲得卻可能更難表達的事物）。這些二分法迫使人們將知識的種類視為非此即彼，同時認為這兩「種」知識可能互不相關。然而，人們理解事物如何運作的方式，以及理解事物如何及為何是真實的方式，都是相互關聯的。

理論上，我們可以把所有知識分成整齊的類別，但實際上這麼做是不可能的。即使我記住了籃球比賽的所有規則，並學習物理課程以了解籃球被投出後的運行軌跡，還是沒有理由認為自己可以把一顆真正的籃球投入網中。另一方面，如果我每天打幾個小時的籃球，卻不了解規則，那麼我可能表現得不好，因為我不知道什麼重要、什麼不重要。我需要理解和實踐。管線工程之類的「實際操作」行業，當然需要實踐和經驗，但也需要深刻的理解。例如，在鋪設管線時，必須了解水、重力、壓力、不同材料（例如銅與塑膠），以及任何大型管線系統的運作方式。

麥可．歐克秀不接受他所稱的「理性主義」，也就是一種承認了據說來自理性的原理或原則的知識形式。他認為，沒有經驗就無法了解任何事物，因為這是人類心智的本質。他解釋道，人們透過與周圍世界的互動來理解，而且「任何被認定為理性的知識本身，實際上是經驗和判斷的產物。它是由實踐中抽取出來的規則、方法或技術所組成，而這些工具完全不能取代經驗和判斷，在缺乏這兩者的情況下就無法有效使用」。[12]

因此，歐克秀跟許多哲學家一樣，拒絕接受先驗知識（字面上的意思是「先於經驗」，即天生就會知道的事），包括亞里斯多德、約翰．洛克（John Locke）、大衛．休姆和喬治．柏克萊。但是，不同於其他人，他真正認識到有許多種知識超越了實踐和理論。

烹飪這件事，需要理論和實踐知識。因為烹飪者必須對廚房裡的大量變數有「感覺」，而這要透過多年的烹飪經驗來學習。正如一位廚師所說，「不是時鐘告訴你什麼時候完成；而是由食物告訴你。」[13]有經驗的烘焙師知道麵包什麼時候烤好了，因為它聞起來有某種味道。經驗豐富的廚師知道烤箱的溫度會有變化、海拔高度會改變烤箱中的食物，麵粉也會因為研磨程度或存放時間而變化。經驗豐富的廚師會在烹飪過程的幾個階段進行品嚐，以確保味道正確，並做出相對應的調整。他們不必完全依賴食譜，就能知道一道菜會完全按照計畫烹煮出來。

好廚師會不斷地品嚐、嗅聞和感覺食物。他們透過觸摸就知道麵粉什麼時候變質了、透過嗅聞香料就知道它的味道已經變淡了，也能透過品嚐而知道什麼時候需要添加一點額外的調味料。他們知道在什麼時候淋上檸檬汁會有幫助，以及為什麼萊姆汁會破壞同一道菜餚。好廚師透過麵糰在手中的感覺，就知道它已經可以放入烤箱烤成麵包。他們可以看一看食品儲藏室或冰箱，就知道如何使用其他人可能不太喜歡的各種食材，來做成一道菜餚。那種能夠做所有這些事情的知識，需要結合感官經驗和實際製備食物的實踐。

當食譜變成規則指南

單字‘recipe’（食譜）和‘receipt’（收條）都來自同一個拉丁字根‘recipere’，它的意思是「拿取」（to take）或「接收」（to receive）。艾蜜莉・波斯特（Emily Post）在一九二二年出版的禮儀相關書籍中寫道，關於社會習俗，「收條有著更顯赫的血統，但所有現代作家在烹飪方面都使用食譜，只有（難相處的人）才會堅持用收條。」[14]食譜是你吃了什麼的書面證據。食譜和收條之間的關聯，源自於它們都指向或涉及人們接收到的事物。

從歷史上來看，食譜確實是一個相對較新近的發展，直到二十世紀初期才開始普及。在食譜出現之前，年輕女性會跟母親一起學習烹飪，學習如何製作各種菜餚，以及如何概估不同食材的用量。如果你沒有在家裡學習烹飪，很難只透過實驗來自學。

美國作家瑞克・布拉格（Rick Bragg）最近出版了一本書，內容是關於他母親的廚房裡的故事和食譜。[15]瑞克的母親瑪格麗特（Margaret）的烹飪手法，是由她的母親和祖父在她面前傳授的（她的祖父喜歡甜餅乾，並且改善了自己的食譜）。瑪格麗特在南方的農村長大，使用傳統和任何可取得的食材來烹飪（她不喜歡煮松鼠腦，因為她覺得它們的金屬味太重了）。

就像數百年來的許多女性一樣，瑪格麗特沒有使用烹飪書，甚至連一本也沒有，她也不使用食譜。她使用叉子和杓子（她兒子開玩笑地說，這很可能是一八四〇年代美墨戰爭期間鍛造的），不使用攪拌器和切碎機。瑪格麗特有一個保養得宜的鑄鐵鍋。在房子失火後，一位親戚提議要買一個新的鑄鐵鍋給她。但她拒絕了，表示這得花費餘生的時間才能把新鑄鐵鍋保養好，於是她穿過火災過後的瓦礫堆，找回她的舊鍋。（註：鑄鐵鍋需在清洗後烘乾，再塗上油，才能維持不沾鍋效果且不會生鏽。）

瑪格麗特說：「一個人不能從書本上學會烹飪……也不能根據數字來烹飪。」⑯她解釋道：「你可以透過品嚐、感覺、嗅聞、傾聽和記憶，不時地開火煮食物，以及唱正確的歌曲來學習烹飪。」⑰瑪格麗特不使用量杯或量杓。正如布拉格所描述的，他母親的烹飪詞彙包括「一把中的一部分」、「一把」和「滿滿的一把」。⑱瑪格麗特．布拉格學會了憑感覺烹飪，而不是憑規則或書本。雖然不是每個人都要這樣烹飪，但這是幾千年來女性被教導的烹飪方式。

在美國，芬妮．法默（Fannie Farmer）為全國各地的女性改變了這一切。法默出生於十九世紀中葉，三十歲時進入波士頓廚藝學校（Boston Cooking School）就讀。她在學校裡表現出色，最後成為這所學校的校長。法默在擔任校長的期間，促使食物的測量標準化，這是以前從未做過的事，除此之外，她還為每份食譜制定了嚴格的書面說明。法默說：「正確的測量方法對於確保最佳結果是絕對必要的。經驗會帶來良好的判斷力，讓一些人學會使用目視來測量；但大多數人需要明確的指導方針。」[19]她反覆重申：「一滿杯是測量標準；一滿湯匙是測量標準；一滿茶匙是測量標準。」[20]當然，她還發明了，或者至少把測量本身標準化了。

在法默的時代之前，食譜中的測量值都接近廚師容易參考的尺寸，例如「一塊雞蛋大小的奶油」或「一根手指長度的乳酪」。大部分的參照物都是人的手或是廚房裡常見的物品，例如胡桃果或茶托。「一茶杯的麵粉」變成了「一杯麵粉」。透過法默的波士頓廚藝學校和食譜的流傳，「一杯」的量在全國各地都是一樣的。茶匙、湯匙和杯子，以及夸脫、品脫和加侖，成為美國人的標準。

法默成為「標準測量之母」，她的作法是「給廚師一種自己可以做到任何事的感覺，只要他們遵守規則並嚴格遵循她的製作說明：『絕對服從』將會導致絕對熟練」。[21]廚師藉由測量和食譜，就可以重複做同一道菜，而不必擔心味道會不一致。（世界上其他地區似乎都有按照重量的標準化測量方法，這是比美國模式更精確的測量方式。）

但是，在食譜真正進入每個廚房之前，烹飪這件事還有許多要素需要標準化：烤箱溫度、攪拌混合的技術、烹飪時間（一直到一九五〇年代，大多數美國廚房裡才有掛鐘），以及食材的標準化。

在二十世紀，由於戰爭、經濟大蕭條或母親外出工作，很少有女性能夠在母親身邊學習烹飪，因此她們比十九世紀的女性更加依賴食譜。烹飪書廣為普及，同時有更多女性能夠識字閱讀。自從家用、冷藏貨車和超級市場的冰箱設備問世以來，有更多食物可以保存在家裡而不會腐壞。隨著食品加工技術的誕生，包裝食品（幾乎）可以無限期地保存，也不需要任何技巧來製備和加熱（特別是有微波爐的話）。

但是，當廚師必須依賴食譜時，最終就得依靠一種不需知道如何烹飪也能做出成品的嚴格製作說明。茱莉亞・柴爾德（Julia Child）在晚年接受的一次採訪中，也表達了這樣的觀點，她說：「你要學會烹飪，這樣就不必成為食譜的奴隸。當你拿到了一些當季的食材，就會知道該怎麼烹煮它們。」[22]

隨著餐廳、加工食品和快速（廉價）食品的興起，女性烹飪的次數愈來愈少，隨之而來的是文化上的技能退化，烹飪所需的文化知識實際上已經喪失了。在二十一世紀，許多人（不僅僅是女性）對於如何從頭開始烹煮食物，以及如何使用未加工的食材，例如一整隻雞、紅辣椒甚至胡蘿蔔，都沒有清楚的概念。（在我教授的烹飪課堂上，有個大學生說她從來沒有見過「全尺寸」胡蘿蔔；她只知道「嬰兒尺寸」。）

食譜也具有法律地位。雖然它們只擁有所謂的「薄弱版權」（thin copyright，註：因作品中僅具有少量創意，所擁有的版權保護只能避免被完全相同地複製），具有法律地位的是敘述性製作說明，而不是食材清單。食材清單可以透過多種方式組合在一起，因此不能構成任何具專利權的統一實體。

此外，正如歐盟法院所裁定的，「味道」也不能受到版權保護。有一個案件是關於「巫婆乳酪」（witches' cheese）和「聰明女人乳酪」（wise women's cheese）這兩個品牌的香草奶油乳酪的味道，判決結果是食品的味道不受到版權保護。這兩種乳酪的味道非常相似，儘管它們內含的食材並不相同。二〇〇七年，荷蘭的一家法院裁定，食材清單與乳酪的整體味道沒有多大的關係，但「食品的味道不能歸類為『作品』」。㉓一件「作品」就像一件藝術品：為了能夠理解它、制定相關法律或價格，我們需要了解它的構成。

在美學上，靜態藝術和表演藝術之間有一個大致的劃分。繪畫或雕塑等靜態藝術，關注的是一個不會移動或變化的物質客體（對象）。舞蹈、音樂或戲劇等表演藝術，通常都有一個樂譜或劇本，其表演就是這套製作說明的某種實例化。表演藝術中的「作品」較不明確，因為劇本似乎不算是作品，單獨的表演也不算是作品；使用指稱靜態藝術的「作品」來指稱表演藝術的展演，似乎用詞不當，但其作品仍然具有法律地位。因此，它不是食材清單，也不是食物的味道，而是一個敘述性描述或製作說明，其中概述了製作符合所有權或版權地位之成品的步驟。

想像一下巧克力餅乾的食譜。如果你先把奶油加熱到融化或是沒有把它放到室溫下軟化，或者你在添加其他食材之前，先把奶油和糖攪打成膏狀，最後做出來的餅乾成品就會不一樣。食材清單是相同的，但敘述性製作說明可能會教你用不同的方式做事，這會影響到製作菜餚的方式。

蛋黃醬是另一個例子，如果你不正確地遵循製作說明，這些食材很難組合出應有的成品。在攪拌雞蛋時，你必須非常緩慢地將油添加到雞蛋中，否則它們不會適當乳化，最後的成品不會是蛋黃醬，而是有蛋味又油膩的混亂液體（我根據個人經驗知道了這一點）。

一般來說，版權保護的是作品或表達，而不是思想。美國認定，「純粹的食材清單不在版權法的保護之下。然而，如果食譜或配方伴隨著解釋或說明形式的大量文學表達，或者烹飪書中有食譜集，則可能有版權保護的依據。」㉔雖然以前食譜從未被理解為商品，但在這個訴訟和名人廚師的新時代，食譜已經變成商品。

安妮・桑頓（Anne Thornton）是一位「糕點專家廚師」，也是二〇一〇年十月美食頻道（Food Network）推出的《甜點優先》（*Dessert First*）節目的主持人，她被指控抄襲了伊娜・卡登（Ina Garten）和瑪莎・史都華等人的食譜。具體來說，讓她陷入麻煩的是檸檬方塊，因為它的作法太像伊娜・卡登在赤腳女伯爵（Barefoot Contessa）網站上的檸檬方塊食譜了。當安妮・桑頓被問及食譜的創意來源時，她表示，對於「檸檬方塊，你只能用這些方法來做，當然會有相似之處」。㉕桑頓的節目被腰斬，但她聲稱這是因為收視率低，而不是因為抄襲食譜。

在加拿大，身兼廚師及企業家的卡羅琳・杜瑪斯（Caroline Dumas），曾於直播訪問的廣播節目中，點名指責明星大廚丹尼・聖皮耶（Danny St Pierre）抄襲食譜。杜瑪斯創作了一種「失業布丁」（pudding-chômeur，註：為失業者利用手邊食材所製作，屬於窮人的甜點），這是來自魁北克的傳統蛋糕，口感介於麵包布丁和軟黏太妃糖之間，而聖皮耶在其餐廳奧格斯特（Auguste）的網站上，發布了這份食譜。聖皮耶因為受到指控而深感震驚，聲稱不知道食譜抄襲是一個問題，並在網站上聲明這份食譜歸屬於杜瑪斯：「警告：失業布丁是傳統食譜。這個現代版本與卡羅琳・杜瑪斯創作的版本一致。」㉖總的來說，如果你出版或出售食譜，註明其歸屬者比起假裝不知道它從何而來，是更安全的選擇。

當具體涉及食譜時，這種「薄弱版權」狀態是相當曖昧的。從歷史上來看，食譜從來不具有嚴格的歸屬權，但現在人們可以為此提出訴訟，也可能因為剽竊食譜而失去工作，這是很不尋常的事。在這個問題上似乎有兩方陣營：一方陣營認為食譜永遠不可能被擁有，永遠不需要歸屬於誰，另一方陣營則認為食譜應該被視為智慧財產權，可能被侵犯和剽竊。㉗

對於食譜以外的事物，在侵犯智慧財產權方面有許多歷史相關事件，但食譜似乎最終會具有與詩歌相同的法律地位，其中擁有智慧財產權的是詞語本身，而不是其含義、意圖或結果。這些詞語是「作品」的書面形式。但讓我感到奇怪的是，對於食譜來說，「作品」是指書面製作說明，而不是食材清單、食物本身或味道。可能的原因是，後者很難用版權法規定的方式來確定，因此食譜的實質變成了製作方式的敘述性描述，而不是其內容、風味或營養價值。

打破規則

英國知名美食作家、料理節目主持人奈潔拉・勞森（Nigella Lawson）在她的烹飪書《如何吃》（*How to Eat*）的序言中提到：「烹飪不僅僅是把各個點連接起來，順從地遵循一個食譜，然後繼續下一個。這是關於培養對食物的理解，（以及）在廚房裡的自信。」[28]不加理解地遵守規則，不會產生美味的食物，也不會產生快樂的廚師。許多人只是順從地按照食譜烹飪，卻從來沒有理解過為什麼有些手法會使特定食物的味道變好，或者為什麼有些食物搭配在一起很美味，另一些搭配組合就不對味。

那些從老師（或母親）那裡學習的人，學會了在烹煮特定食物時，「感覺」它會產生怎樣的質地、味道和香氣。這種感覺只能來自經驗，來自動手做；而不僅僅是理論上的理解。根據勞森的說法，學習烹飪不只是為了找到自己喜歡的食物，也是為了征服烹飪技能所帶來的轉變。她寫道：「最簡單的烹飪方法是觀看。」[29]對她來說，烹飪應該從自己的爐子開始，同時透過觀看和動手做來學習。

主廚都知道這一點。來自法國和義大利的大廚在家裡學習美食；後來，他們在使其出名的餐廳裡所做的，就是利用在家裡學到的東西。他們以此為基礎，開始精心製作。他們把家庭烹飪帶進餐廳，而不是把烹飪學校帶到家裡。要是把這個過程顛倒過來，就像是在沒有文法的情況下學習字彙。㉚

文法是賦予單字意義的「黏著劑」。沒有意義的字彙，就像是擁有了堆滿車庫卻不知道怎麼使用的工具。如果你不了解烹飪運作的原理，就算冰箱裡裝滿了那些你無法將之做成菜餚的食物，也沒有意義。

在哲學倫理學中，有許多方法可以確定在特定情況下什麼是「正確的」事情。有一整套「基於規則」的道德規範，它們始於規則，但適用於不同的情況。康德的倫理學中有所謂的「定言令式」（categorical imperative，又譯絕對命令），認為人們必須以「使自己的行為成為普遍法則」的方式來行動，也就是說，如果每個人都可以這樣做，那麼你也可以這樣做。這與黃金法則相反，黃金法則是指：如果你這樣做，那麼每個人都可以這樣做。

約翰．史都華．彌爾提出了一個不同的規則，即良好的行動應該把好的結果最大化，把傷害最小化，而且每個人都應該被平等對待。他稱之為效益原則，這也是效益主義

（utilitarianism，又譯功利主義）的基礎。

十誡也是基於規則之倫理學的早期形式。為了成為一個好人，你必須遵守規則，這樣才能生活在社群裡。以規則為基礎的倫理學，主要誕生於啟蒙運動時期，當時的思想家試圖提出一種不依賴宗教信仰的道德體系。在他們看來，似乎有一個基於理性的、適用於所有信仰者的普遍道德體系。

在基於規則的倫理學出現之前，有亞里斯多德開創的德行倫理學（virtue ethics）。他認為，我們身為人類，所做的一切都是為了某種目標或好處。行為端正是為了成為有美德的人，以及盡可能擁有最充實的生活。但他說，人們並非天生就知道如何行為端正，因此必須接受教育。根據亞里斯多德的說法，我們坐在母親的膝上被教導如何做這件事。在烹飪這件事上也是如此。許多人透過母親（或父親）來學習烹飪（儘管現在很多人不這麼做，因為在家烹飪的人愈來愈少）。但是，烹飪就像德行倫理學，因為它是以目標為導向的（提供美味佳餚），但實現目標的途徑有許多種形式。

對亞里斯多德來說，當一個人學習成為好人時，有許多必須培養的不同技能。首先，良好的行為絕對不是偶然發生的。你必須知道自己在做什麼、為什麼要做，以及自己是在正確的時間做。為了明白這些事，你必須意識到當時的情況，並且理解自己行為的後果。亞里斯多德說，「以德行事」必須成為一種習慣，因為它不是天生的。孩童被教導要說「請」和「謝謝」，然後養成了習慣。當他們長大成人後，遇到被他人遞給什麼東西的情況時，就不必思考要說什麼有禮貌的話。

亞里斯多德式的德行烹飪，始於觀察別人怎麼做，然後自己動手實踐，去感受一杯麵粉的觸感。你可以感受到餅乾麵糰的觸感，也可以感受到食物在烹煮成功後，應該會有的顏色、氣味和質地。當你知道正確的分量是什麼感覺，就會知道如何重複且可靠地使用某些食材。我每週都會做麵包，有一份自己使用的食譜，由於我已經做了許多次，不需要再看食譜了。我知道麵包在製作過程的每個階段應該具備的感覺和外觀。當孩子幫我做麵包時，我會使用食譜，這樣他們就可以從嚴格的測量開始學起，最終也會了解每種食材的外觀和感覺，以及什麼時候要替麵糰多加一點麵粉，或是不該添加太多鹽。

當你不去學習信任自己的烹飪技能時，就會繼續做一個基於規則的廚師，不知道什麼時候可以替換食材、如何把四人份食譜調整為五人份的菜餚，或是香料的味道變淡時會發生什麼事（我見過許多人的櫥櫃裡有一個二十年前的肉豆蔻罐頭）。烹飪絕對不只是一個數學方程式或科學公式，而是製作程序。就跟德行倫理學一樣，知道如何烹飪，包括了理解食物組合的方式，以及透過實踐改變食物的方式。

德行倫理學總是朝著一個特定的理想發展，一個人愈常實踐，就會做得愈好。烹飪這件事也是如此。世界上沒有理想的醬汁，也總是有更多的菜餚要做（儘管法國人可能會爭辯說有五種理想的母醬，而且知道如何製作它們，是美味法式料理的基礎）。但亞里斯多德認為，培養慣常烹飪美食所需的知識，就跟變得有德行一樣，需要學習、觀察、經驗和回饋。

烹飪不能嚴格地以規則為基礎的部分原因，是人們會根據自己的口味來烹飪。每個人的口味都不相同，當然，文化上的品味也是如此。此外，在廚房裡可以運用的可變因素，從來都不是完全穩定的。烹飪不應該是嚴格的規則，而是關於大方向的原則。奈潔拉·勞森在一九九八年出版的《如何吃》一書中，特別鼓勵女性更愉快地思考家庭烹飪。這代表她們需要做對自己有好處的、自己喜歡的和有趣的事，而不是把它視為苦差事。

《如何吃》這本書，以及勞森的態度，是對一九七〇年代第二波女權主義的直接回溯，當時的女性主義拒絕了「女性應該成為家庭主婦，並從中找到自己的主要身分和幸福」的觀念。勞森意識到，烹飪對許多女性來說已經變成可怕的工作，但她認為女性應該從中找到一些樂趣。

她的後續著作《成為家庭女神》（*How to Be a Domestic Goddess*），書名頗具諷刺意味。

她再次邀請女性烘焙自己喜歡的食物，不必為了在家庭廚房裡製作完美甜點而感到壓力：

現代烹飪的許多問題，不在於它製作出來的食物不美味，而是它在廚師身上引起的情緒，是一種膚淺的效率，作風敏捷卻少有愉悅。有時，這是我們所能做到的最好的事，但有時，我們不想要覺得自己像一個後現代、後女權主義且過度緊繃的女人，而是像一個家庭女神，在早晨慵懶地醒來時，追尋烤餡餅的肉豆蔻香氣。㉛

關鍵不是要成為家庭女神，而是要感覺自己像一個家庭女神。奈潔拉．勞森推出烹飪書的時間，並沒有晚於美國的同行瑪莎．史都華太久。史都華於一九八〇年代開始寫作，而且她確實想給美國女性一個成為家庭女神的平台。這正是家庭烹飪徹底衰落，同時徹底拒絕了適當禮儀的年代。

一九八二年，史都華出版了第一本烹飪書《娛樂生活》（*Entertaining*），成為有史以來最暢銷的烹飪書之一。然而，史都華介紹的菜餚非常複雜且製作耗時，還針對如何為人數超過可在屋內就座的客人製作早午餐，提出了建議（像是「三十人份的半夜煎蛋捲晚餐」或「五十人份的義大利自助餐」）。她的烹飪節目於一九九三年首播，教導家庭主婦如何正確理家，獲得了極大的成功。

瑪莎・史都華的廚藝，比奈潔拉・勞森或有時笨手笨腳的茱莉亞・柴爾德嚴謹得多；至少在早期，柴爾德似乎是跟著觀眾一起學習烹飪。史都華在《娛樂生活》一書中，甚至描述了如何做炒蛋：「從小時候起，我就喜歡吃炒蛋，但通常只喜歡我母親做的炒蛋，使用新鮮的雞蛋，用叉子輕輕攪打，然後在融化的甜奶油裡烹煮，其他什麼都不加。」[32]只不過，她提供的食譜是為四十位客人準備的，使用了八十顆雞蛋。

當然，人們可以自由選擇烹飪方式，像瑪格麗特・布拉格那樣不需要使用食譜或廚房用具，或是像芬妮・法默那樣使用嚴格的測量工具，或是像奈潔拉・勞森那樣享受真正的喜悅和樂趣。烹飪這件事沒有唯一的方法，正如要變成有道德的人，也沒有唯一的方法。但是，當一個人不能掌握基本原則、不關懷他人，或者不在乎整個努力歷程，以至於完全拒絕進行烹飪，只依賴微波餐、餐廳和外賣餐點，就會有失敗的烹飪，就像有道德上的失敗一樣。正如世界上有許多烹飪和學習方法，我們不能輕易拒絕食物轉變的重要性，以及它在生活中所扮演的角色。

烹飪書與意識形態

人們通常都會認為，意識形態與政治制度、教育制度或宗教有關。但人們選擇飲食的方式，也經常涉及到這些看不見或說不出的信仰。素食主義者遵守「不吃肉」的規則，其背後的原因可能是動物福利、環境、健康、宗教或文化，或者是單純的口味問題。但是，為了認同素食主義的意識形態，人們必須有一套特定的信仰。那些聲稱自己是素食主義者的人，應該能夠談論他們選擇不吃肉的原因和信仰。

烹飪書通常是意識形態體系的一部分，因為它們對於所描述的食物，提倡了一種特殊的思考方式。作者仔細地選擇了特定的食譜，形成了對於一些特殊烹飪方式的連貫詮釋，進而形成了對食物的思考方式。有些烹飪書是為了教授烹飪的基礎知識，有些是為了提倡特定的飲食法，有些是為教授特定文化的烹飪手法。烹飪書可以對一種文化中正在發生的事情提供許多資訊，因此是歷史學家常用來收集一個國家的烹飪趨勢相關資訊的來源之一。

厄爾瑪・隆鮑爾（Irma Rombauer）的《廚藝之樂》（*Joy of Cooking*）是美國歷史上最受歡迎的烹飪書，自一九三一年以來，銷量超過兩千萬冊。它的特色是中產階級美國人應該會烹煮的簡單食譜，以及隆鮑爾的指示和詼諧的評論。《廚藝之樂》幫助幾代家庭廚師掌握了典型美式料理的基礎知識，所倡導的理念包括了基礎烹飪技術、食材如何相互作用的清楚解釋，以及最重要的基本論點是：烹飪這件事是有趣、有吸引力的，並且應該像菜餚本身一樣美味。

隆鮑爾在前言中寫道，透過使用她的綜合烹飪書，家庭廚師應該能夠體驗「意想不到的勝利」，「真正陶醉於新發現的自由」，「重新獲得無價的家庭生活、餐飲和分享的私人樂趣」。[33]也許對一本烹飪書來說，這是很大的期望，但這本書的範圍確實很全面。它向家庭廚師展示了如何做所有事情，像是正確擺設餐具，以及繪製出肉類的不同切法。這是一本關於熱量、食品添加劑，以及為什麼從頭開始烹煮的菜餚具有更豐富的營養，也能夠長期保存食物之營養的指南，同時還包含了數百份營養豐富的菜單樣本，可供家庭生活或款待客人使用。當然，這對女性來說是一本重要的手冊，因為她們肩負著為家人製備餐食和學習款待客人的任務。

《廚藝之樂》誕生於經濟大蕭條的初期，但隨後的九次修訂版本都試圖跟上經濟發展的各個階段、三次女權運動浪潮，以及對於女性在廚房中之角色的態度轉變。它刪去了一整章關於戰時配給的內容，也增加了一章關於冷凍甜點的內容。[34]這本書是美國很常見的畢業禮物或結婚禮物，許多家庭裡都有它。正如我們有時會看不見自己最堅定的信念一樣，這本書及其所教授的課程，在將近一百年來一直是美國烹飪的支柱。關於這本書的意識形態的另一個基本假設是，應該有一本書可以如此全面地總結美式料理、款待客人和食物保存的所有事項（書中有超過四千三百種食譜）。

要理解烹飪的重要性，我們不能求助於哲學史，但可以借用哲學概念，來理解人們如何將食品雜貨轉變為晚餐。我們展開調查的方法之一，是查看烹飪書的歷史，深入了解廚師們所留下的傳統，至少是他們的食譜和技術的書面製作說明。《烹飪書的歷史》（*History of Cookbooks*）的作者亨利．諾塔克（Henry Notaker）就提到，早在三千五百年前，人們就開始寫下烹飪的詳細說明了。[35] 當然，在那麼久遠之前，食譜是刻在石頭上的。不幸的是，它們只是食材清單，沒有詳細的製作說明。這些食譜大多是針對燉肉料理，是為了用作寺廟裡獻給神明的祭品而烹煮的。

西元一四七〇年左右，文藝復興時期作家暨美食家巴托洛梅歐．薩奇（Bartolomeo Sacchi）在羅馬出版了第一本印刷烹飪書：《論正當娛樂和健康》（*De honesta voluptate et valetudine*）。因為他出生於義大利的皮亞德納（Piadena），又稱巴托洛梅歐．普拉提納（Bartoloneo Platina）。普拉提納從朋友馬丁諾．達．柯莫（Martino da Como）大師那裡借來食譜，儘管這本書包含了兩百五十多道菜餚，但普拉提納同時關注於菜餚的製作說明，以及思考食物的方式，其中包括「根據關於食物和飲食的實際與道德規定，有系統地討論烹飪藝術、營養（與規律的身體活動的有用性有關）、食品衛生、飲食倫理和餐桌上的愉悅」。[36]

普拉提納是一位虔誠的「人道主義者」，他明確地主張，飲食以及人類從中獲得的愉悅，是「一個人的生存平衡性的合法組成部分」。[37]當然，他提倡適度，因為適度會帶來幸福。他認為，食物永遠不該被視為有罪，但你不該吃得太多。食物與愉悅，以及食物與暴食之間的關係，一直是宗教和政府關注的話題，而且很常看到以節制為目標的指示。

把烹飪書視為幾百年前的人們所吃之食物的歷史資料來源，可能是一項有趣的活動，但由於這類書籍很少見且時代相隔遙遠，讓人對過去的食譜產生了偏頗的看法。許多烹飪書都強調了可以在當地環境中取得的食物，說明人們所吃的肉類、乳酪或乳製品的易得性，以及我們認為常見但實際上並不常見的食材之使用。例如，番茄被認為在義大利料理中無處不在，但其實它直到十六世紀才從美洲進口到義大利。番茄醬是由羅馬主廚法蘭切斯科・萊昂納迪（Francesco Leonardi）在十八世紀中葉發明的。[38]

早些時候，其他異國食材只會提供給皇室成員或極為富有的人。許多烹飪書都是為這些人士所寫的，其中的食譜也都是他們收集的，所以不能讓我們好好地了解大多數人在特定時期吃什麼。由於西元一七〇〇年之前總共只有一百七十四本烹飪書出版，看起來書面食譜是在各種地方和地區性菜餚出現很久之後才寫下來的。

從一開始，烹飪書就不只是食譜的集合，經常是倡導特定飲食和生活方式的意識形態論文。書中會包括一些食物，並刻意將其他食物排除在外。它們提倡某些健康益處或某些菜餚的外觀，以展現資源豐富、有愛心或奢侈——無論你選擇哪一種。

古希臘哲學家畢達哥拉斯（Pythagoras）受到奧菲斯教（Orphism，註：一種古希臘教派）的影響，提倡素食，但警告人們吃豆子的危險，他認為豆子與死者的靈魂密切相關，而且吃豆子是一種食人的形式。西爾維斯特・格雷姆（Sylvester Graham）以全麥餅乾聞名，也提倡素食主義，但他認為要吃適當劑量的全麥小麥才健康。格雷姆的朋友哈維・家樂，是家樂氏公司與巴特爾克里克療養院（Battle Creek Sanitarium）的負責人，提倡嚴格的素食主義、性節制（手淫被認為是特別有害的）、每日的優格灌腸養生法，當然還有做為他健康飲食一部分的全穀物薄片。

現今，我們可以找到各種飲食和生活方式的烹飪書，包含了地中海飲食（於二〇一〇年被列入聯合國教科文組織非物質遺產，[39]包含了特級初榨橄欖油、魚類、蔬菜和全穀物）、原始人飲食法（Paleo diets，又稱穴居人飲食，強調未經加工的肉類、根莖類蔬菜）、所謂的「純淨飲食」（clean eating，強調不含加工食品、酒精、咖啡因或糖，還意味著飲食中的食物是乾淨的）。每一種飲食法都堅持認為它不是一種飲食，而是一種生活方式，它將對一個人的精神狀態（通常是思維更清晰、注意力更集中），以及身體健康的整體狀態（都是更有活力）產生愈來愈大的影響。烹飪書通常帶有專門的工具或測量器具。

烹飪書往往會展現食物的趨勢，是人們在家庭中通常會擁有的食物的良好指標，不過，由於食物通常是暫時性和區域性的存在，因此烹飪書也是如此。在一九二二年的一本烹飪書《母親常做的料理》（*Things Mother Used to Make*）中，有許多現代（美國）廚房中不常見的食物，例如酸牛奶、全麥麵粉、酵母蛋糕（或蛋糕酵母，一種只適合做蛋糕的液態酵母）和印度菜餚。[40]在美國南方，許多烹飪書中都有非洲奴隸帶到美國的食材和栽種法，例如水稻種植、紅豌豆和秋葵。[41]這些食物成了我們現今稱為「靈魂食物」和許多南方食物的象徵。

二十世紀初的一本烹飪書《南方食譜》（*Southern Recipes*）的封面上，描繪的畫面是一名黑人奶媽在敲響晚餐的鈴聲，兩個黑人孩子跑向她。[42]雖然這在現今被認為是冒犯性的畫面，但它可能反映了這樣的事實，即黑人婦女為南方白人家庭做了大部分的烹飪工作，而且她們的許多食譜已經融入了美國南方傳統食譜的歷史中。然而，這本書裡的食譜，都是由阿拉巴馬州蒙哥馬利青年聯盟成員中的女性手寫下來的，她們大概都是白人。這本書匯集了三百多頁食譜，從雞尾酒、小吃、家禽料理到蜜餞，展現了南方人的熱情好客。這些食譜都是黑人女性會烹煮的菜餚，因此白人才得以熱情款待客人。

當代美國南方食譜作家寶拉・迪恩（Paula Deen）以熱愛在烹調中加入奶油而聞名。她是南方拒絕低脂烹飪的象徵，聲稱這麼做會降低南方食物的風味。但是，她的兒子鮑比・迪恩（Bobby Deen）在被診斷出患有糖尿病後，自行控制了烹調中的油脂，提出一種更加注重健康平衡的食譜。鮑比在「鮑比的翻新食譜」（Bobby's Remakes，或稱Bobby's Lighter Recipes）中，修改了母親的食譜，並建議了高熱量和高油脂食材的替代品，聲稱他的版本添加了風味，消除了許多熱量。[43]

人們對於自己的飲食確實懷有意識形態信仰，無論是素食主義、肉食主義或彈性素食主義（flexitarianism），人們所支持的觀念和理想，都跟他們與周圍世界互動的方式有很大的關係（可能也包含是否要吃動物）。這些信念受到了我們的文化、家庭、教育，以及接觸不同食物等因素的影響。這個支配了人們飲食決策的意識形態，儘管大多數人不會特別說明，卻是決定了人們選擇吃什麼的一整套信念。

烹飪與知識論

想像一下，烹飪是認識論的基礎，或是一種認識方式，甚至是探究基礎的模型。有一些烹飪書幫助人們思考如何快速烹飪；有些則幫助我們製作無麩質或碳水化合物的菜餚。每一本烹飪書都幫助人們從特定角度來思考烹飪，就像每位哲學家都在爭論如何以特定的方式「看到」和接近世界一樣。

然而，烹飪書不僅僅是一套製作說明或食譜清單，而是從廚師的經驗中誕生的。烹飪書是用來代替老師或母親的詳細說明，大多數都包含了評論、對往日做過或沒做過什麼事的反思，以及為什麼要在書中加入這份特定食譜的原因。

哲學家麗莎・海克在詢問了「把烹飪視為一種探究的形式，有意義嗎？」㊹這個問題之後，就是這樣回答的。她認為，許多人傾向於只從客觀主義或相對主義的角度來思考問題。客觀主義的取向是，在人們之外有一個靜態的世界需要理解，人們可以擁有對這個世界的特定知識。相對主義的觀點則是，知識必須從語境、關係、文化或理論框架的角度來理解。她將這兩者之間的二分法稱為「笛卡兒式的猶豫不決」，或是「堅信人們的知識有堅實的基礎，或是人們注定要在知識和道德的猶豫不決之泥沼中無休止地旋轉」。㊺

通常，這些是人們在思考倫理時會使用的類別，以及關於道德是絕對的或取決於背景，但是，辯論對於人們思考其他類型的知識也很重要。海克認為，在思考人們實際的生活和認識方式時，這兩種選擇都不是那麼準確。她提出了第三種接近知識的方法，並稱之為「共同負責的選擇」（Coresponsible Option）。㊻她拒絕了由「知者」（knower）處理某種外部未知問題的階層取向，而是建議人們「將探究視為一種公共活動，（並且）要著重於探究者和被探究者之間的關係」。㊼

當然，這是源於女性主義的知識獲取方法，它拒絕把階層知識（hierarchical knowledge）當作一種主導的形式。海克指出，認識論的語言大多是使用科學術語來表述的，往往由男性主導。但是，烹飪及其術語、方法和物質空間，幾乎完全由女性主導。那麼，如果我們把烹飪當作一種探究方法，而不是科學，會發生什麼事呢？我們會找到一種更具包容性的取向，其中包含了許多參與者和不同的經驗，以及明白在廚房裡做事有更好及更差的方式。透過不同的工具和方法，有許多種方式可以獲得類似的結果。

二十世紀初的美國實用主義哲學巨擘約翰．杜威（John Dewey）表示，探究是「將一個不確定的情況，控制或定向地轉變為一個在其組成區別和關係上非常確定的情況，從而將原始情況的要素轉化為一個統一的整體」。㊽換言之，一項探究工作，應該弄清楚如何把不確定的事物轉化為確定的事物，以及如何把所有碎片整合為一個統一的整體。

我們不必只把烹飪歸結為食物的化學或化學變化，而是可以把它視為思考奇觀、實驗、再現性和成功的一種主要及熟悉的方式。烹飪這件事，能夠為人們了解測量、重量、體積、熱量與飽和度，提供了基礎。但是，人們烹飪的目的，不是為了學習科學或化學原理，而是為了製作餐食及餵飽家人和自己。人們烹飪是為了表達愛，而且最好的廚房裡都包含了合作的態度。

把烹飪視為一種探究，可以讓人用不同的取向來理解知識的意義何在，以及掌握一個知識領域的意義何在。如同約翰·杜威所說，如果探究的目的是理解從不確定到確定的轉變，那麼烹飪這件事就一再證明了這一點。對於我在本章提到的每個人，像是從未使用過「規則手冊」或測量設備的瑪格麗特·布拉格，以及認為有必要為一個國家把測量設備標準化的芬妮·法默，烹飪都是一個人必須自己學習的事情。

有些人從來沒學過烹飪，有些人則從來沒學過生物學的基本知識。但在這個世界上，一個人不必了解生物學也可以生存，但不吃東西就活不下去。飲食和烹飪顯然是不一樣的事，但它們從根本上是連結在一起的。我們從別人那裡學會烹飪，跟別人一起烹飪，也經常輪流教別人烹飪。海克認為，理論和食譜是相似的，因為它們都是用來做事的。她指出：

我們可以用理論來做的事情之範圍，至少跟用食譜做的事情之範圍一樣廣泛。我可能會發展一種理論，來幫助自己容忍所處的情況，或者向自己和他人解釋我的一連串經歷。我可能會採納並修改一個理論，以幫助我與其他人發展關係。我可能會創建一個理論，以便在課堂報告中寫一些東西。㊾

所謂的「理論」就是解釋；而那些我們用來理解自身經驗的解釋，在很大程度上都受到自己的意識形態所影響。我使用一套食材來創作一道菜餚的能力，不僅取決於我過去的經驗，還取決於我成功或失敗地運用特定食物的方式。

將烹飪視為一種探究的形式，符合女性主義認識論和民族認識論的傳統；女性主義認識論檢視了女性與男性不同的思維和認識方式，民族認識論則檢視了不同文化的認識方式。烹飪認識論為經驗豐富的家庭廚師和技藝嫻熟的主廚，提供了成為廚房專家的榮譽地位。熟練廚師所擁有的知識體系，不在於數學原理或科學再現性，而是像古老的諺語所說的：「布丁好不好，吃了才知道。」（註：意指空談不如實證）。如果一個人不能正確地烹煮一道菜，那麼理論和公式就變得毫無用處，此外，用來做這道菜的知識和方法，也將構成他們自己的知識形式。

正如美國作家溫德爾・貝瑞的名言：「飲食就是農業活動。」[50]其意思是，飲食是一種有意圖的行為，而且它會以人們可能想到或沒有意識到的方式，將人們與土地連結起來。飲食也是一種家庭行為，因為一個人所吃的食物，通常是由某個人製備的，即使我們可能看不到他。我們的許多菜餚都是在家裡烹煮的，廚師也是我們認識和喜愛的人，但是，有許多菜餚是在工廠裡，由那些我們看不到甚至也無意去想的人所製作的。由工廠來生產食品，是一個很新的現象。從人類歷史來看，食物必須由具有技能的人來製作，才能將生鮮食材烹煮成美味佳餚。為家庭或群體製作一頓像樣的菜餚所需的技能是重要的，而且能夠做好這件事的人，應該得到讚揚。

飲食只是一個漫長過程的最後一部分，這個過程從田地裡開始，然後由懂得如何轉化生鮮食材的人繼續進行。這種轉變的能力（或知識），並不是偶然的，也不是固有的或是微不足道的。烹飪，以及讓人們品嚐並享受到煮熟食物的菜餚，體現了人類生活中原材料的最重大變化之一。要做到這一點所需要的知識，就跟任何形式的知識一樣重要。

致謝

在我有了孩子（現在已十四歲的雙胞胎男孩）之後，便開始對食物這門學科感興趣。我閱讀了自己應該餵他們吃什麼，最終當時的系主任大衛．沙納（David Shaner）允許我開設「飲食的哲學」這門課。他總是認為，我們應該教授那些自己感到興奮的內容，因為學生會看到那股興奮。由於我在一所很棒的大學裡工作，能夠在該課程中加入由大學主廚拉爾夫．麥克里納（Ralph Macrina）教授的「食物實驗室」（food lab）。拉爾夫教我烹煮的菜餚，超出了我的想像，並且與我和無數學生分享了他對食物的絕對熱情和奉獻精神。就我所知，大學裡沒有人比他更辛勤地工作。感謝愛瑪客（Aramark）公司以及現在的好胃口（Bon Appetit），對我的飲食哲學課程的支持。

在我開始教授這門課後不久，便受邀帶領一項義大利遊學專案，向學生傳授義大利慢食運動。在那裡，我能夠與安東內洛．西拉古薩（Antonello Siragusa）、他的父母——約瑟夫（Giuseppe）和瑪麗（Maria），以及索拉鎮（Sora）的義大利農家樂（Italy Farm Stay）優秀的人員一起工作。我非常高興能夠與Lucky的洛伊德・班森（Lloyd Benson）和Professor Peacock的比爾・艾倫（Bill Allen）一起帶領這趟旅程。

我吃了美味的食物，重新與這片土地建立連結，並且學習了如何製作義大利麵、麵疙瘩、麵包、乳酪、橄欖油和葡萄酒等。我們實際了解到自己吃的肉類來自何處，還一起健行、用餐、打牌和大笑。旅程中的這些學生（大部分）都很棒，我很高興有這麼好的旅伴和晚餐同伴。班・大衛（Ben Davids）、傑西・湯普金斯（Jesse Tompkins）和摩根・庫珀（Morgan Cooper）原本都是我的學生，在不同的年份跟我一起到義大利旅行，現在都成了我的朋友和晚餐同伴。他們都閱讀了本書的章節並提供了有用的回饋。

雷夫・麥格雷戈（Rafe McGregor）閱讀了整本書的草稿，給了我非常有幫助的回饋。達倫・希克（Darren Hick）、伊娃・達德茲（Eva Dadlez）、艾琳・約翰（Eileen John）和莎拉・阿奇諾（Sarah Archino）都閱讀了章節，並幫助我製作了更有趣的例子、更引人入勝的散文和更多現實生活中的問題以供研究。詹姆斯・愛德華茲（James C. Edwards）是我的老師、同事、導師和朋友，閱讀了早期的草稿，但在我完成最終草稿之前就過世了。我們非常懷念他，而他留下的恩澤將會持續地影響我和許多人。

最後，我要感謝我的丈夫比爾（Bill），以及兒子威廉（William）和查爾斯（Charles）。

比爾支持我的每趟旅行、烹飪實驗、購買大量書籍，以及超乎他預想的關於食物和飲食的討論。他一直是一個樂於助人的伙伴和參與者，無條件地支持我精進烹飪技能、嘗試不同的食物、到任何地方旅行，同時以最親切的主人身分，招待來到我家餐桌的客人。我的生活從他的愛中受益無數。

序言　哲學裡的感官世界

① Jean Anthelme BrillatSavarin, *The Physiology of Taste; or, Meditations on Transcendental Gastronomy*, trans. M.F.K. Fisher (New York, 1949), p. 15.

② Adam Gopnik, *The Table Comes First: Family, France, and the Meaning of Food* (New York, 2012), p. 114.

③ Melvin Cherno, 'Feuerbach's "Man is what He Eats" : A Rectification', *Journal of the History of Ideas*, xxiv/3 (1963), p. 401. A direct translation is 'man is what he eats'; I have changed it to make it more inclusive.

④ Alan Levinovitz, *The Gluten Lie: And Other Myths about What You Eat* (New York, 2015), p. 72.

⑤ Michael Pollan, *In Defense of Food: An Eater's Manifesto* (New York, 2008).

⑥ Constance Classen, 'The Senses', in *Encyclopedia of European Social History*, vol. iv: *Gender/Family and Ages/Sexuality/Body and Mind/Work* (Detroit, mi, 2001), pp. 355–64.

Chapter 1　品味的好壞

① 'Taste, n.1', oed Online, wwwoedcom, accessed 6 March 2020.

② Roger Scruton, 'Architectural Taste', *British Journal of Aesthetics*, xv (Autumn 1975), p. 294.

③ *Huffington Post*, 'Cilantro Aversion Linked to Gene for Smell, New Study Finds', www.huffpost.com, 20 September 2012.

④ Alexander Baumgarten, *Metaphysics*, trans. Courtney D. Fugate and John Hymers (London, 2013), section 451.

⑤ David Hume, 'Of The Standard of Taste', in *Essays Moral, Political, and Literary* (Indianapolis, in, 1987), section 8.

⑥ Ibid., section 15.

⑦ Alex Aronson, 'The Anatomy of Taste', *Modern Language Notes*, lxi/4 (April 1946), p. 229.

⑧ Ibid.

⑨ *Common Sense*, 'Of Taste in its proper Sense, and the Abuse of it among the Quality' (11 February 1738), quoted in Aronson, 'The Anatomy of Taste', p. 232, my italics.

⑩ Robert Solomon, 'On Kitsch and Sentimentality', *Journal of Aesthetics and Art Criticism*, xlix/1 (Winter 1991), pp. 1–14.

⑪ Immanuel Kant, *Groundwork of the Metaphysics of Morals*, trans. H. J. Patton (New York, 1964), p. 13.

⑫ Pierre Bourdieu, ‘From *Distinction*’, in *Aesthetics: The Big Questions*, ed. Carolyn Korsmeyer (Malden, ma, 1998), p. 150.

⑬ Massimo Montanari, *Cheese, Pears and History in a Proverb*, trans. Beth Archer Brombert (New York, 2010), pp. 63–6.

⑭ Ibid., p. 65.

⑮ Julian Baggini, *The Virtues of the Table: How to Eat and Think* (London, 2014), p. 215.

⑯ Museum of Bad Art, http://museumofbadart.org, accessed 1 February 2021; Solomon, ‘On Kitsch and Sentimentality’, p. 1.

⑰ Ibid.

⑱ Theodore Gracyk, ‘Having Bad Taste’, *British Journal of Aesthetics*, xxx/2 (April 1990), p. 121.

⑲ Ibid., p. 126.

⑳ Dan Glaister, ‘Thomas Kinkade: The Secret Life and Strange Death of Art’s King of Twee’,www.theguardian.com, 9 May 2012.

㉑ Kim Christensen, ‘Dark Portrait of a “Painter of Light” ’, www.latimes.com, 5 March 2006.

㉒ Glaister, ‘Thomas Kinkade’.

㉓ Biography, https://thomaskinkade.com, 1 February 2021.

㉔ *Bottle Shock*, www.quotes.net, accessed 1 April 2020.

㉕ Alexis Hartung, ‘Factors Considered in Wine Evaluation’,*Wine Society Journal*, xxxi/4 (Winter 1999).

㉖ Sylvia Wu, ‘Chinese Wines Winning Seven Gold Medals Awarded Across Red, White, and Rosé’, www.decanterchina.com, 28 May 2019.

㉗ Baggini, *The Virtues of the Table*, p. 219.

Chapter 2　飲食的愉悅感

① *Phaedo*, 60b.

② Ibid.

③ *Gorgias*, 496e.

④ *Nicomachean Ethics*, 1152b1–4.

⑤ Ibid., 1152b20–24.

⑥ Augustine, *Confessions*, trans. R. S. PineCoffin (London, 1961), Book x, section 31.

⑦ Jeremy Bentham, *An Introduction to the Principles of Morals and Legislation*, ed. J. 8. H. Burns and H.L.A. Hart, in *The Collected Works of Jeremy Bentham*, ed. J. H. Burns et al. (London and Oxford, 1970), p. 11.

⑧ Ibid., pp. 38–9.

⑨ John Stuart Mill, *Utilitarianism* (Indianapolis, in, 2001), p. 4.

⑩ Ibid., p. 19.

⑪ Ibid.

⑫ Roger Scruton, *The Aesthetics of Architecture* (Princeton, nj, 1979), p. 66.

⑬ Barbara Savedoff, ‘Intellectual and Sensuous Pleasure’, *Journal of Aesthetics and Art Criticism*, xliii/3 (Spring 1985), p. 313.

⑭ Ibid., p. 314, my italics.

⑮ Ibid.

⑯ Isak Dinesen, ‘Babette’s Feast’, in *Anecdotes of Destiny; and, Ehrengard* (New York, 1993), p. 16.

⑰ Ibid., p. 29.

⑱ Ibid.

⑲ Ibid., p. 41.

⑳ Denise Minger, *Death By Food Pyramid* (Malibu, ca, 2013) is a particularly interesting look at both the bmi and the history of the food pyramid.

㉑ Plato, *Republic*, Book 4.

㉒ Rudolph M. Bell, *Holy Anorexia* (Chicago, il, 1987), p. 20.

㉓ International Dairy Foods Association, ‘Ice Cream Sales and Trends’, www.idfa.org, accessed 31 December 2019.

㉔ Jean Anthelme BrillatSavarin, *The Physiology of Taste: Or Meditations on Transcendental Gastronomy*, trans. M.F.K. Fisher (New York, 1949), p. 15.

㉕ Kevin Melchionne, 'Artistic Dropouts', in *Aesthetics: The Big Questions*, ed. Carolyn 27. Korsmeyer (Malden, ma, 1998), p. 101.

㉖ Ibid.

㉗ Ibid.

㉘ Ibid., pp. 101–2.

Chapter 3　慢食的品味

① Tom Mueller, *Extra Virginity: The Sublime and Scandalous World of Olive Oil* (New York, 2012), p. 96.

② Carlo Petrini, *Slow Food: The Case for Taste* (New York, 2001), pp. xxiii–xxiv.

③ Ibid., p. 94.

④ Marc Lallanilla, 'Say Cheese! Roquefort May Keep Hearts Healthy', www.livescience.com, 17 December 2012; Ivan Petyaev et al., 'Roquefort Cheese Proteins Inhibit *Chlamydia pneumonia* Propagation and lpsInduced Leukocyte Migration', *Scientific World Journal* (28 April 2013).

⑤ Michael Pollan, *In Defense of Food: An Eater's Manifesto* (New York, 2008).

⑥ Gregory Peterson, 'Is Eating Locally a Moral Obligation?', *Journal of Environmental Ethics*, 26 (2013), pp. 421–37.

⑦ Ibid., p. 428.

⑧ Petrini, *Slow Food*, p. 21.

⑨ Bill Nesto, ‘Discovering Terroir in the World of Chocolate’, *Gastronomica*, x/1 (Winter 2010), p. 131.

⑩ 我很高興在Acetaia Leonardi香腸生產農場度過一天，了解這個過程：www.acetaialeonardi.it/en, accessed 23 February 2021.

⑪ 牛奶可以來自紅牛、棕牛或荷蘭牛（Holsteins），但到目前為止，紅牛最為普遍。

⑫ Consorzio Vacche Rosse (Consortium of the Red Cow), ‘The History of Parmesan Cheese (Parmigiano Reggiano), Our history’, at www.consorziovaccherosse.it/en, accessed 10 March 2016.

⑬ Andrew Dalby, *Cheese: A Global History* (London, 2009), p. 9.

⑭ Esme Nicholson, ‘Germany’s Beer Purity Law Is 500 Years Old: Is It Past Its SellBy Date?’, www.npr.org, 29 April 2016.

⑮ Larry Olmsted, *Real Food/Fake Food: Why You Don’t Know What You’re Eating and What You Can Do About It* (Chapel Hill, nc, 2017).

⑯ Amy Trubeck, *The Taste of Place* (Berkeley, ca, 2008), p. 18.

⑰ Ibid.

⑱ Lisa Heldke, ‘DownHome Global Cooking: A Third Option Between Cosmopolitanism and Localism’, in *A Philosophy of Food*, ed. David Kaplan (Berkeley, ca, 2012), p. 33.

⑲ Ibid., p. 37.

⑳ Ibid., p. 39.

㉑ Wendell Berry, *Bringing it to the Table: On Farming and Food* (Berkeley, ca, 2009), p. 227.

㉒ Pollan, *In Defense of Food*.

㉓ Berry, *Bringing it to the Table*, pp. 227–8.

㉔ 美國有一條法律稱為「原產地標示計畫」（Country of Origin Labeling Program），由美國農業部強制執行，例如，阿拉斯加鮭魚是在美國的阿拉斯加沿岸海域捕獲，但是將在中國進行加工，那麼標籤上就必須說明它是中國產品。對於魚類和貝類，還必須標明生產方式（野生或養殖）。至於橄欖油，儘管許多品牌都在宣傳它是義大利橄欖油，但現在大多數標籤都顯示，雖然橄欖油是在義大利裝瓶的（因此是「義大利產品」），但橄欖油本身是來自其他地方，通常是西班牙、希臘或阿根廷。

㉕ Berry, *Bringing it to the Table*, p. 229.

㉖ Adam Gopnik, *The Table Comes First: Family, France, and the Meaning of Food* (New York, 2012), p. 9.

㉗ Ibid.

㉘ Michael Pollan, *Cooked: A Natural History of Transformation* (New York, 2013).

㉙ Todd Kliman, ‘How Michael Pollan, Alice Waters, and Slow Food Theorists Got It All Wrong: A Conversation with Food Historian (and Contrarian) Rachel Laudan’, *The Washingtonian* (29 May 2015).

㉚ Rachel Laudan, ‘A Plea for Culinary Modernism: Why We Should Love New, Fast, Processed Food’, *Gastronomica*, i/1 (2001), pp. 36–44.

㉛ Kate Taylor, 'These 10 Companies Control Everything You Buy', *Business Insider* (4 April 2017). The companies are Unilever, Pepsi, CocaCola, Nestlé, Nabisco, General Mills, Mars and Dannon in the u.s.

Chapter 4　食品假貨與真實性

① Walter Benjamin, 'The Work of Art in the Age of Mechanical Reproduction', in Benjamin, *Illuminations* (New York, 1968), pp. 217–51.

② Hans Blumenberg, 'Light as a Metaphor for Truth: At the Preliminary Stage of Philosophical Concept Formation', in *Modernity and the Hegemony of Vision*, ed. David Michael Levin (Berkeley, ca, 1993), section 45.

③ Aristotle, *Metaphysics*, A. 980 a 25.

④ See Hans Jonas, 'The Nobility of Sight', *Philosophy and Phenomenological Research*, 4 (June 1954), pp. 507–19.

⑤ Georg Hegel, *Aesthetics: Lectures on Fine Art*, trans. T. M. Knox (Oxford, 1975), vol. i, p. 39.

⑥ Immanuel Kant, *Critique of the Power of Judgment*, ed. and trans. Paul Guyer (New York, 2000), 14, 5:224.

⑦ Allen Carlson, 'Appreciation and the Natural Environment', *Journal of Aesthetics and Art Criticism*, xxxvii (1979), p. 268.

⑧ Ibid., p. 271.

⑨ Ibid., p. 273.

⑩ Matteo Ravasio, 'Food Landscapes: An ObjectCentered Model of Food Appreciation', *The Monist* (2018), pp. 309–23.

⑪ Ibid., pp. 312–13.

⑫ Tom Mueller, *Extra Virginity: The Sublime and Scandalous World of Olive Oil* (New York, 2012), p. 102.

⑬ Ibid., pp. 101–4.

⑭ Tom Mueller, 'Slippery Business: The Trade in Adulterated Olive Oil', *New Yorker* (August 2007).

⑮ Larry Olmsted, *Real Food/Fake Food: Why You Don't Know What You're Eating and What You Can Do About It* (Chapel Hill, nc, 2017), Ebook loc. 1381–2.

⑯ Mueller, 'Slippery Business'.

⑰ Ibid.

⑱ Mueller, *Extra Virginity*, p. 141.

⑲ 關於這個事件有不同的說法，死亡人數從六百人到兩千五百人不等。之所以會有這種差異，似乎來自於立即發生的死亡，以及後來被認為是由劣質油所造成的死亡。此外，也有明顯的否認、掩蓋和陰謀論的情況，因為此事牽涉到許多人的生命和橄欖油。我讀到的一篇文章甚至指責番茄產業，而不是讓橄欖油產業承擔責任：Mueller, *Extra Virginity*, p. 110.

⑳ Ibid., p. 139.

㉑ Ibid.

㉒ Ibid., pp. 139–40.

㉓ Barry C. Smith, 'The Objectivity of Tastes and Tasting', in *Questions of Taste: The Philosophy of Wine*, ed. Barry Smith (Oxford, 2007), p. 44.

㉔ Ibid., p. 62.

㉕ David Hume, 'Of the Standard of Taste', in *Essays Moral, Political, and Literary* (Indianapolis, in, 1987), para. 3.

㉖ Ibid., para. 7.

㉗ Ibid.

㉘ Kant, *Critique of the Power of Judgment*, para. 7, 5, pp. 212–13, my italics.

㉙ Ibid., p. 356.

㉚ Ludwig Wittgenstein, *Philosophical Investigations*, trans. G.E.M. Anscombe (Oxford, 1997).

㉛ Aaron Meskin and Jon Robson, 'Taste and Acquaintance', *Journal of Aesthetics and Art Criticism*, lxxiii/2 (2015), p. 132.

㉜ Ibid., p. 132, my italics.

㉝ Ibid., my italics.

㉞ Frank Sibley, 'Tastes, Smells, and Aesthetics', in *Approaches to Aesthetics: Collected Papers on Philosophical Aesthetics*, ed. Frank Sibley (Oxford, 2001), p. 214.

㉟ Ibid.

Chapter 5　美食情色圖片與圖像的力量

① F. L. Fowler, *Fifty Shades of Chicken: A Parody in a Cookbook* (New York, 2012), p. 71.

② Ibid., p. 8.

③ 378 u.s. at 197 (Stewart, J., concurring).

④ 伊曼努爾・康德的《判斷力批判》（*Critique of Judgment*），以及大衛・休姆的〈品味的標準〉中，都談到了「無私」是人們思考藝術客體的最佳審美目標。這成為十八世紀美學的典型標準，在此後的一段時間也是如此。在二十世紀的詮釋中，不認為這是必要的，但它已經成為美學理論的標準，始終需要加以參考。

⑤ Alexander Cockburn, 'GastroPorn', *New York Review of Books* (8 December 1977), pp. 15–19.

⑥ Ibid., p. 8.

⑦ Ibid.

⑧ Yasmin Fahr, 'Food Porn q&a with Amanda Simpson', www.thedailymeal.com, November 2010.

⑨ Urban Dictionary, 'Food Porn', www.urbandictionary.com, accessed 30 January 2021.

⑩ Thi Nguyen and Bekka Williams, ‘Why We Call Things Porn’, *New York Times* (26 July 2019).

⑪ Ibid.

⑫ Mary Devereaux, ‘Oppressive Texts, Resisting Readers, and the Gendered Spectator: The “New” Aesthetics’, in *Feminism and Tradition in Aesthetics*, ed. Peggy Brand and Carolyn Korsmeyer (University Park, pa, 1995), p. 126.

⑬ Laura Mulvey, ‘Visual Pleasure and Narrative Cinema’, *Screen*, xvi/3 (1975), pp. 6–18.

⑭ Erin Metz McDonnell, ‘Food Porn: The Conspicuous Consumption of Food in the Age of Digital Reproduction’, in *Food, Media, and Contemporary Culture: The Edible Image*, ed. Peri Bradley (New York, 2016), p. 257.

⑮ Ibid.

⑯ 關於男性與肉類的關係，目前已有許多研究：There has been much research on the relationship between men and meat: Carol Adams in *The Sexual Politics of Meat* (New York, 2000); Matthew Ruby and Steven Heine, ‘Meat, Morals, and Masculinity’, *Appetite*, lvi (2011), pp. 447–50.

⑰ 厭食症相關網站通常會限制留言功能，因此瀏覽者和好發煽動言論者無法輕易批評這種「生活方式」。

⑱ Rosalind Coward, *Female Desire: Women’s Sexuality Today* (London, 1984), p. 105.

⑲ Ibid., p. 103.

⑳ Ruby and Heine, ‘Meat, Morals, and Masculinity’, p. 447.

㉑ Guiltfree food, 3, www.adsoftheworld.com, September 2015.

㉒ Coward, *Female Desire*, p. 103.

㉓ Ibid.

㉔ John Wesley, *Primitive Physic; or, an Easy and Natural Method of Curing Most Diseases* [1847], https://thornber.net/medicine/html/ primitive_printable.pdf, accessed 5 February 2020.

㉕ Rachel Hope Cleves, ' "Those Dirty Words" : Women, Pleasure, and the History of Food Porn', in *Food Porn*, Global Humanities 6, ed. Francesco Mangiapane and Frank Jacob (Bodø, 2019), p. 11.

㉖ Ibid.

㉗ Ibid., p. 13.

㉘ See Harvey Levenstein, 'Autointoxication and Its Discontents', in Levenstein, *Fear of Food: A History of Why We Worry about What We Eat* (Chicago, il, 2012).

㉙ Kenneth Bendiner, *Food in Painting: From the Renaissance to the Present* (London, 2004), p. 134.

㉚ Edward Bullough, 'Psychical Distance as a Factor in Art and Aesthetic Principle', *British Journal of Psychology*, v (1912), p. 116.

㉛ Hans Maes, 'Who Says Pornography Can't Be Art?', in *Art and Pornography: Philosophical Essays*, ed. Hans Maes and Jerrold Levinson (Oxford, 2012).

㉜ Brian Wansink, Anupama Mukund and Andrew Weislogel, 'Food Art Does Not Reflect Reality: A

Quantitative Content Analysis of Meals in Popular Paintings', *sage Open* (July–September 2016), p. 6.

㉝ Jon Simpson, 'Finding Brand Success in the Digital World', www.forbes.com, 25 August 2017.

㉞ *Republic*, 595b3–6, in *The Collected Dialogues of Plato*, ed. Edith Hamilton and Huntington Cairns (Princeton, nj, 1961).

㉟ Jean Baudrillard, 'Simulacra and Simulations', in *Jean Baudrillard: Selected Writings*, ed. Mark Poster (Stanford, ca, 1988).

㊱ Ibid., p. 166.

㊲ Ibid., my italics.

㊳ Megan Garber, 'In Defense of Instagramming Your Food', *The Atlantic* (29 January 2016).

㊴ Ibid.

Chapter 6 食譜與循規蹈矩

㊀ Michael Pollan, *In Defense of Food: An Eater's Manifesto* (New York, 2008), p. 3.

㊁ Massimo Montanari, *Food Is Culture*, trans. Albert Sonnenfeld (New York, 2006), p. xi.

㊂ Lisa Heldke, 'Recipes for Theory Making', *Hypatia*, iii/2 (Summer 1988), pp. 15–29.

㊃ Plato, *Gorgias*, 462e.

⑤ Ibid., 463b1.

⑥ 阿爾弗雷德・諾斯・懷海德（Alfred North Whitehead）有句名言：「歐洲哲學傳統最安全的一般特徵，就是它是由柏拉圖的一系列腳註組成的。」《過程與現實》（*Process and Reality,* New York, 1979, p. 39.）

⑦ 我們確實對古希臘和羅馬的烹飪有所了解，例如，可以參見尤金妮・莎莎・普里納・里科蒂（Eugenia Salza Prina Ricotti）的《古希臘的菜餚與食譜》（*Meals and Recipes from Ancient Greece,*Los Angeles, ca, 2007），以及馬庫斯・加維烏斯・阿皮修斯（Marcus Gavius Apicius）的*Apicius*，這是僅存的古羅馬食譜，由莎莉・格蘭傑（Sally Grainger）編輯，克里斯托弗・格羅科克（Christopher Grocock）翻譯（倫敦，二〇〇六年）。

⑧ Richard Parry, '*Episteme* and *Techne*', *in Stanford Encyclopedia of Philosophy*, ed. Edward N. Zalta (Summer 2020 edn), https://plato. stanford.edu.

⑨ Terry Nardin, 'Michael Oakeshott', in *Stanford Encyclopedia of Philosophy*, ed. Edward N. Zalta (Spring 2020 edn), https://plato. stanford.edu.

⑩ 這是亞里斯多德的《尼各馬可倫理學》（*Nichomachean Ethics*, 1142a）中概述的古希臘技術（techne）和智慧（phronesis）。

⑪ Immanuel Kant, *Critique of Pure Reason* (1793), 8:275.

⑫ Nardin, 'Michael Oakeshott'.

⑬ Rick Bragg, *The Best Cook in the World*: *Tales from My Momma's Table* (New York, 2018).

⑭ Emily Post, *Etiquette* (New York, 1922).

⑮ Bragg, *The Best Cook in the World*.

⑯ Ibid., pp. 14–15.

⑰ Ibid., p. 15.

⑱ Ibid., p. 16.

⑲ Fannie Merritt Farmer, *The Boston Cooking-School Cookbook* (Boston, ma, 1911), p. 25.

⑳ Ibid., italics in the original.

㉑ Bee Wilson, *Consider the Fork: A History of How We Cook and Eat* (New York, 2012), p. 126.

㉒ Polly Frost, 'Julia Child', www.interviewmagazine.com, 16 July 2009.

㉓ Court of Justice of the European Union press release No. 171/18, 'The taste of a food product is not eligible for copyright protection', https://curia.europa.eu/jcms/upload/docs/application/pdf/201811/cp180171en.pdf, 13 November 2018.

㉔ u.s. Copyright Office, Circular 33: 'Works Not Protected by Copyright', www.copyright.gov, accessed 10 April 2020.

㉕ Stephanie Smith, 'Food Network's "Dessert First" Star Axed in RecipeCopy Flap: Sources', https://nypost.com, 16 February 2012.

㉖ Ian Harrison, 'Did Danny StPierre Just Apologize to SoupeSoup Boss Caroline Dumas?', https://montreal.

eater.com, 19 February 2015.

㉗ Jonathan Bailey, ‘Recipes, Copyright and Plagiarism’, www. plagiarismtoday.com, 24 March 2015.

㉘ Nigella Lawson, *How to Eat: The Pleasures and Principles of Good Food* (New York, 2010).

㉙ Ibid.

㉚ Ibid.

㉛ Nigella Lawson, *How to Be a Domestic Goddess*, www.nigella.com, accessed 10 April 2020.

㉜ Martha Stewart, *Entertaining* (New York, 1982), p. 132.

㉝ Irma Rombauer and Marion Rombauer Becker, *Joy of Cooking* (New York, 1973), foreword.

㉞ Helen Rosner, ‘The Strange, Uplifting Tale of “Joy of Cooking” Versus the Food Scientist’, www. newyorker.com, 21 March 2018.

㉟ Henry Notaker, *A History of Cookbooks: From Kitchen to Page over Seven Centuries* (Oakland, ca, 2017).

㊱ Academia Barilla, ‘On Honest Indulgence and Good Health’, www.academiabarilla.it, accessed 22 April 2020.

㊲ Ibid.

㊳ Emilio Faccioli, *L’Arte della cucina in Italia* (Milan, 1987).

㊴ Nesco, ‘Mediterranean Diet’, www.unesco.org, accessed 14 February 2021.

㊵ Lydia Marie Gurney, *Things Mother Used to Make: A Collection of Ole Time Recipes, Some Nearly One Hundred Years Old and Never Published Before* (New York, 1922).

㊶ Karen Pinchin, 'How Slaves Shaped American Cooking: Slaves Planted the Seeds of Favorite Foods They Were Forced to Leave Behind', *National Geographic*, www.nationalgeographic.com, March 2014.

㊷ Junior League of Montgomery, *Southern Recipes*, https://archive. org, accessed 14 February 2021.

㊸ Paula Deen, 'Bobby's Lighter Recipes: 6 Lighter Southern Recipes', www.pauladeen.com, accessed 16 May 2020.

㊹ Heldke, 'Recipes for Theory Making', p. 15.

㊺ Ibid., p. 16.

㊻ Ibid., p. 17.

㊼ Ibid.

㊽ John Dewey, *Logic: The Theory of Inquiry* (New York, 1938), pp. 104–5.

㊾ Heldke, 'Recipes for Theory Making', p. 21.

㊿ Wendell Berry, 'The Pleasures of Eating', in Berry, *What Are People For?* (New York, 1990).

參考書目

Alexander, Kevin, 'Why "Authentic" Food is Bullshit', www.thrillist.com, 15 July 2016

Aristotle, *The Complete Works of Aristotle*

Aronson, Alex, 'The Anatomy of Taste', *Modern Language Notes*, lxi/4 (April 1946), pp. 228–36

Augustine, *Confessions*, trans. R. S. PineCoffin (London, 1961)

Baggini, Julian, *The Virtues of the Table: How to Eat and Think* (London, 2014)

Bailey, Andrew, *First Philosophy: Fundamental Problems and Readings in Philosophy* (Peterborough, on, 2011)

Baldwin, Bird T., 'John Locke's Contributions to Education', *Sewanee Review*, xxi/2 (1913), pp. 177–87, www.jstor.org/stable/27532614

Baudrillard, Jean, 'Simulacra and Simulations', in *Jean Baudrillard: Selected Writings*, ed. Mark Poster (Stanford, ca, 1988), pp. 166–84

Baumgarten, Alexander, *Metaphysics*, trans. Courtney D. Fugate and John Hymers (London, 2013)

Bell, Rudolph M., *Holy Anorexia* (Chicago, IL, 1987)

Bendiner, Kenneth, *Food in Painting: From the Renaissance to the Present* (London, 2004)

Benjamin, Walter, 'The Work of Art in the Age of Mechanical Reproduction', in Benjamin, *Illuminations* (New York, 1968), pp. 217–51

Bentham, Jeremy, *An Introduction to the Principles of Morals and Legislation*, ed. J. H. Burns and H.L.A. Hart, in *The Collected Works of Jeremy Bentham*, ed. J. H. Burns et al. (London and Oxford, 1970)

Berkeley, George, *A Treatise Concerning the Principles of Human Knowledge* [1710] (Indianapolis, in, 1982)

Berry, Wendell, *Bringing it to the Table: On Farming and Food* (Berkeley, ca, 2009)

——, 'The Pleasures of Eating', in Berry, *What are People For*? (New York, 1990)

Blumenberg, Hans, 'Light as a Metaphor for Truth: At the Preliminary Stage of Philosophical Concept Formation', in *Modernity and the Hegemony of Vision*, ed. David Michael Levin (Berkeley, ca, 1993), pp. 30–62

Borghini, Andrea, 'What is a Recipe?', *Journal of Agricultural and Environmental Ethics*, xxviii (2015), pp. 719–38

Bourdieu, Pierre, 'From *Distinction*', in *Aesthetics: The Big Questions*, ed. Carolyn Korsmeyer (Malden, ma, 1998), pp. 150–55

Bragg, Rick, *The Best Cook in the World*: *Tales from My Momma's Table* (New York, 2018)

BrillatSavarin, Jean Anthelme, *The Physiology of Taste*: *Or Meditations on Transcendental Gastronomy*, trans. M.F.K. Fisher (New York, 1949)

Bullough, Edward, 'Psychical Distance as a Factor in Art and Aesthetic Principle', *British Journal of Psychology*, v (1912), pp. 87–117

Carlson, Allen, 'Appreciation and the Natural Environment', *Journal of Aesthetics and Art Criticism*, xxxvii (1979), pp. 267–75

Classen, Constance, *Worlds of Sense: Exploring the Senses in History and Across Cultures* (New York, 1993)

——, 'The Senses', in *Encyclopedia of European Social History*, vol. iv, ed. Peter Stearns (New York, 2001)

Cleves, Rachel Hope, ' "Those Dirty Words" : Women, Pleasure, and the History of Food Porn', in *Food Porn*, Global Humanities 6, ed. Francesco Mangiapane and Frank Jacob (Oslo, 2019)

Cockburn, Alexander, 'GastroPorn', *New York Review of Books* (8 December 1977), pp. 15–19

Coward, Rosalind, *Female Desire: Women's Sexuality Today* (London, 1984) Dalby, Andrew, *Cheese: A Global History* (London, 2009)

Dennett, Daniel, *Consciousness Explained* (New York, 1991)

Descartes, Rene, *Meditations on First Philosophy in which the Existence of God and the Distinction between Soul and Body is Demonstrated*, 3rd edn, trans. Donald Cress (Indianapolis, in, 1993)

Devereaux, Mary, 'Oppressive Texts, Resisting Readers, and the Gendered Spectator: The "New" Aesthetics', in *Feminism and Tradition in Aesthetics*, ed. Peggy Brand and Carolyn Korsmeyer (University Park, pa, 1995), pp. 121–41

Dinesen, Isak, 'Babette's Feast', in *Anecdotes of Destiny; and, Ehrengard* (New York, 1993)

Freeland, Cynthia, ‘Aristotle on the Sense of Touch’, in *Essays on Aristotle’s ‘De Anima’*, ed. Martha C. Nussbaum and Amelie Oksenberg Rorty (Oxford, 2003), pp. 227–48

Ganson, Todd Stuart, ‘The Platonic Approach to SensePerception’, *History of Philosophy Quarterly*, xxii/1 (2005), pp. 1–15

Garber, Megan, ‘In Defense of Instagramming Your Food’, *The Atlantic* (29 January 2016)

Gopnik, Adam, *The Table Comes First: Family, France, and the Meaning of Food* (New York, 2012)

Gracyk, Theodore, ‘Having Bad Taste’, *British Journal of Aesthetics*, xxx/2 (April 1990), pp. 117–31

Hanna, Robert, and Monima Chadha, ‘NonConceptualism and the Problem of Perceptual SelfKnowledge’, *European Journal of Philosophy*, ii/19 (2011), pp. 184–223

Hegel, Georg, *Aesthetics: Lectures on Fine Art*, trans. T. M. Knox (Oxford, 1975), vol. i

Heldke, Lisa, ‘DownHome Global Cooking: A Third Option Between Cosmopolitanism and Localism’, in *A Philosophy of Food*, ed. David Kaplan (Berkeley, ca, 2012), pp. 33–51

——, ‘Recipes for Theory Making,’ *Hypatia*, iii/2 (Summer 1988), pp. 15–29

Herder, Johann Gottfried von, ‘On the Change of Taste’ [1766], in *Herder: Philosophical Writings*, ed. Michael Forster (Cambridge, 2002), pp. 247–56

Howes, David, *The Sixth Sense Reader* (New York, 2009) Hughes, Howard C., *Sensory Exotica: A World Beyond Human Experience* (Cambridge, ma, 2001)

Hume, David, 'Of The Standard of Taste', in *Essays Moral, Political, and Literary* (Indianapolis, in, 1987), pp. 226–9

Jonas, Hans, 'The Nobility of Sight', *Philosophy and Phenomenological Research*, 4 (June 1954), pp. 507–19

Julier, Alice, *Eating Together: Food, Friendship, and Inequality* (Urbana, il, 2013)

Jütte, Robert, *A History of the Senses: From Antiquity to Cyberspace*, trans. James Lynn (Cambridge, 2005)

Kant, Immanuel, *Critique of the Power of Judgment*, ed. and trans. Paul Guyer (New York, 2000), para 7, 5:212–13

——, *Groundwork of the Metaphysics of Morals*, trans. H. J. Patton (New York, 1964)

——, *Lectures on Ethics*, 'Of the Duties to the Body in Regard to the Sexual Impulse', ed. Peter Heath and J. B. Schneewind (Cambridge, 1997)

Kirk, G. S., and J. E. Raven, *The Presocratic Philosophers* (Cambridge, 1971)

Kliman, Todd, 'How Michael Pollan, Alice Waters, and Slow Food Theorists Got It All Wrong: A Conversation with Food Historian (and Contrarian) Rachel Laudan', *The Washingtonian* (29 May 2015)

Korsmeyer, Carolyn, 'Delightful, Delicious, Disgusting', *Journal of Aesthetics and Art Criticism*, lx/3 (2002), pp. 217–25

——, *Making Sense of Taste: Food and Philosophy* (Ithaca, ny, 1999) Laudan, Rachel, 'A Plea for Culinary Modernism: Why We Should Love New, Fast, Processed Food', *Gastronomica*, i/1 (2001), pp. 36–44

——, 'Slow Food: The French Terroir Strategy, and Culinary Modernism', *Food, Culture & Society*, vii/2 (2004), pp. 133–44

Lawson, Nigella, *How to Eat: The Pleasures and Principles of Good Food* (New York, 2010)

——, *How to Be a Domestic Goddess*, www.nigella.com/books

Levenstein, Harvey, *Fear of Food: A History of Why We Worry about What We Eat* (Chicago, IL, 2012)

Levinovitz, Alan, *The Gluten Lie: And Other Myths about What You Eat* (New York, 2015)

Locke, John, *An Essay Concerning Human Understanding* [1698], ed. Peter Nidditch (Oxford, 1974)

McDonnell, Erin Metz, 'Food Porn: The Conspicuous Consumption of Food in the Age of Digital Reproduction', in *Food, Media, and Contemporary Culture: The Edible Image*, ed. Peri Bradley (New York, 2016), pp. 239–65

Maes, Hans, 'Who Says Pornography Can't Be Art?', in *Art and Pornography: Philosophical Essays*, ed. Hans Maes and Jerrold Levinson (Oxford, 2012)

Melchionne, Kevin, 'Acquired Taste', *Contemporary Aesthetics*, v (2007)

——, 'Artistic Dropouts', in *Aesthetics: The Big Questions*, ed. Carolyn Korsmeyer (Malden, ma, 1998), pp. 98–103

——, 'Norms of Cultivation', *Contemporary Aesthetics*, xiii (2015)

Meskin, Aaron, et al., 'Mere Exposure to Bad Art', *British Journal of Aesthetics*, liii/2 (April 2013), pp.

139–64

Meskin, Aaron, and Jon Robson, 'Taste and Acquaintance', *Journal of Aesthetics and Art Criticism*, lxxiii/2 (2015), pp. 127–39

Mill, John Stuart, *Utilitarianism* (Indianapolis, in, 2001) Montanari, Massimo, *Cheese, Pears and History in a Proverb*, trans. Beth Archer Brombert (New York, 2010)

——, *Food Is Culture*, trans. Albert Sonnenfeld (New York, 2006)

Mueller, Tom, 'Slippery Business: The Trade in Adulterated Olive Oil', *New Yorker* (August, 2007)

——, *Extra Virginity: The Sublime and Scandalous World of Olive Oil* (New York, 2012)

Mulvey, Laura, 'Visual Pleasure and Narrative Cinema', *Screen*, xvi/3 (1975), pp. 6–18

Nesto, Bill, 'Discovering Terroir in the World of Chocolate', *Gastronomica*, x/1 (Winter 2010), pp. 131–5

Nguyen, Thi, and Bekka Williams, 'Why We Call Things Porn', *New York Times* (26 July 2019)

Nicholson, Esme, 'Germany's Beer Purity Law Is 500 Years Old. Is It Past Its SellBy Date?' www.npr.org, 29 April 2016

Olmsted, Larry, *Real Food/Fake Food: Why You Don't Know What You're Eating and What You Can Do About It* (Chapel Hill, nc, 2017)

Perullo, Nicola, 'On the Correspondence Between Visual and Gustatory Perception', in *Taste*, ed. Andrea Pavoni et al. (London, 2018), pp. 175–92

Peterson, Gregory, ‘Is Eating Locally a Moral Obligation?’, *Journal of Environmental Ethics*, 26 (2013), pp. 421–37

Petrini, Carlo, *Slow Food: The Case for Taste* (New York, 2003)

——, *Slow Food Nation* (New York, 2013)

Plato, *The Collected Dialogues of Plato*, ed. Edith Hamilton and Huntington Cairns (Princeton, nj, 1961)

Pollan, Michael, *In Defense of Food: An Eater’s Manifesto* (New York, 2008)

Ravasio, Matteo, ‘Food Landscapes: An ObjectCentered Model of Food Appreciation’, *The Monist* (2018), pp. 309–23

Ray, Krishnendu, ‘Domesticating Cuisine: Food and Aesthetics on American Television’, *Gastronomica*, vii/1 (Winter 2007), pp. 50–63

Rudinow, Joel, ‘Race, Ethnicity, Expressive Authenticity: Can White People Sing the Blues?’, *Journal of Aesthetics and Art Criticism*, lii/1 (1994), pp. 127–37

Savedoff, Barbara, ‘Intellectual and Sensuous Pleasure’, *Journal of Aesthetics and Art Criticism*, xliii/3 (Spring 1985), pp. 313–15

Scruton, Roger, *The Aesthetics of Architecture* (Princeton, nj, 1979)

——, ‘Architectural Taste’, *British Journal of Aesthetics*, xv (Autumn 1975), pp. 294–328

Sheldrake, Rupert, ‘The Sense of Being Stared At’, in *The Sixth Sense Reader*, ed. David Howes (New York, 2009)

Sibley, Frank, 'Tastes, Smells, and Aesthetics', in *Approaches to Aesthetics: Collected Papers on Philosophical Aesthetics*, ed. Frank Sibley (Oxford, 2001)

Smith, Barry C., 'The Objectivity of Tastes and Tasting', in *Questions of Taste: The Philosophy of Wine*, ed. Barry Smith (Oxford, 2007), pp. 41–77

Solomon, Robert, 'On Kitsch and Sentimentality', *Journal of Aesthetics and Art Criticism*, xlix/1 (Winter 1991), pp. 1–14

Sorabji, Richard, 'Aristotle on Demarcating the Five Senses', *Philosophical Review*, lxxx/1 (1971), pp. 55–79

Stewart, Martha, *Entertaining* (New York, 1982)

Stiles, Kaelyn, Ozlem Altok and Michael Bell, 'The Ghosts of Taste: Food and the Cultural Politics of Authenticity', *Agriculture and Human Values*, xxviii/2 (2011), pp. 225–36

Trubeck, Amy, *The Taste of Place* (Berkeley, ca, 2008)

Varga, Somogy, and Charles Guignon, 'Authenticity', in *Stanford Encyclopedia of Philosophy* (2014), at www.plato.stanford.edu

Wansink, Brian, Anupama Mukund and Andrew Weislogel, 'Food Art Does Not Reflect Reality: A Quantitative Content Analysis of Meals in Popular Paintings', *sage Open* (July–September 2016), pp. 1–10

Waterfield, Robin, ed., *The First Philosophers: The Presocratics and the Sophists* (Oxford, 2000)

Wilson, Bee, *Consider the Fork: A History of How We Cook and Eat* (New York, 2012)

Wittgenstein, Ludwig, *Philosophical Investigations*, trans. G.E.M. Anscombe (Oxford, 1997)

索引

◎2劃

《十日談》*Decameron* － p.125

◎3劃

大衛・休姆 David Hume － p.11, 26-34, 143, 162-165, 174, 214

《女性欲望》*Female Desire* － p.184, 193

◎4劃

丹尼・聖皮耶 Danny St Pierre － p.234

丹尼爾・丹尼特 Daniel Dennett － p.73

厄爾瑪・隆鮑爾 Irma Rombauer － p.243, 244

巴托洛梅歐・普拉提納 Bartoloneo Platina － p.245, 246

巴托洛梅歐・薩奇 Bartolomeo Sacchi － p.245

巴瑞・史密斯 Barry C. Smith － p.157-159

巴黎品酒會 Judgment of Paris － p.50

巴薩米克醋 Balsamic vinegar － p.122-124

◎5劃

世界主義－ p.129, 130

主觀主義－ p.29, 32

加工食品－ p.45, 82, 92, 114, 115, 133, 134,1 36, 137, 171, 231, 248

卡羅・佩屈尼 Carlo Petrini － p.111, 113, 120, 136

卡羅琳・杜瑪斯 Caroline Dumas － p.234

史蒂芬・史普瑞爾 Steven Spurrier － p.50, 51
史蒂芬妮・梅爾 Stephanie Meyer － p.27
巧克力－ p.16, 59, 71, 73, 85, 93-97, 151, 233
布萊恩・汪辛克 Brian Wansink － p.204
《母親常做的料理》*Things Mother Used to Make* － p.248
《白鯨記》*Moby-Dick* － p.36
皮亞琴察乳酪 Piacentino cheese － p.39
皮耶・布赫迪厄 Pierre Bourdieu － p.37-40

◎ 6 劃

伊娜・卡登 Ina Garten － p.234
伊索 Aesop － p.57
伊曼努爾・康德 Immanuel Kant － p.26, 29, 30-32, 34, 36, 143, 149, 163-165, 237
伊莎・丹尼森 Isak Dinesen － p.76
伊麗莎白・大衛 Elizabeth David － p.197
全球主義－ p.129
《吃，為什麼重要？》*The Table Comes First* － p.9, 134
吉姆・梅森 Jim Mason － p.117
《吉爾伽美什》*Gilgamesh* － p.90
地方主義－ p.129
《地方的滋味》*The Taste of Place* － p.128
《如何吃》How to Eat － p.236, 240
安妮・桑頓 Anne Thornton － p.234
安東尼・阿皮亞 Anthony Appiah － p.130
朱利安・巴吉尼 Julian Baggini － p.53
朱利歐・蘭迪伯爵 Count Giulio Landi － p.39
《自耕自食・奇蹟的一年》*Animal, Vegetable, Miracle* － p.116
色情凝視 pornographic gaze － p.189, 190
艾力克斯・阿隆森 Alex Aronson － p.33
艾咪・特魯貝克 Amy Trubek － p.128

艾倫・卡爾森 Allen Carlson — p.145-147
艾斯阿格乳酪 Asiago — p.111, 127
艾琳・麥克唐納 Erin McDonnell — p.189, 190
艾蜜莉・波斯特 Emily Post — p.228
西格蒙德・佛洛伊德 Sigmund Freud — p.187
西爾維斯特・格雷姆 Sylvester Graham — p.247

◎7劃

亨利・諾塔克 Henry Notaker — p.245
伽利略 Galileo Galilei — p.48
《形而上學》*Metaphysics* — p.141
男性凝視 male gaze — p.187, 188
貝卡・威廉斯 Bekka Williams — p.185-187
貝蒂・克羅克 Betty Crocker — p.189
貝蒂妙廚 — p.190
阮氏 Thi Nguyen — p.185-187

◎8劃

乳酪 — p.16, 39, 46, 49, 91, 104, 108, 110-112, 123-128, 159, 185, 208, 213, 230, 232, 246
亞里斯多德 Aristotle — p.11, 12, 58, 59, 79, 141, 226, 238-240
亞倫・梅斯金 Aaron Meskin — p.168-171
亞曼達・辛普森 Amanda Simpson — p.185
亞當・高普尼克 Adam Gopnik — p. 9, 134, 135
亞當・斯密 Adam Smith — p.34, 35
〈亞維農的少女〉Les Demoiselles d'Avignon — p.201
亞歷山大・科克本 Alexander Cockburn — p.183, 184
亞歷山大・鮑姆加登 Alexander Baumgarten — p.25, 26
味覺 — p.12-16, 18-20, 22, 23, 39, 47, 49, 52, 53,

61, 65, 70, 71, 78, 84, 91, 96, 97, 106, 118, 119, 120, 122, 140-144, 148, 154, 157, 159, 160-162, 164, 166-169, 173-176, 194, 202
奈潔拉・勞森 Nigella Lawson － p.236, 240-242
尚・布希亞 Jean Baudrillard － p.208, 209, 212
尚・安瑟姆・布里亞－薩瓦蘭 Jean Anthelme Brillat-Savarin － p.8, 9, 88, 89
帕瑪森乳酪 Parmasan cheese － p.123-128
彼得・克拉斯 Pieter Claesz － p.201
彼得・辛格 Peter Singer － p.117
《法式廚藝》*French Cooking* － p.183
法蘭切斯科・萊昂納迪 Francesco Leonardi － p.245
法蘭克・西布利 Frank Sibley － p.169, 170
波特・史都華 Potter Stewart － p.181
肯尼斯・班迪納 Kenneth Bendiner － p.201
芬妮・法默 Fannie Farmer － p.229, 230, 242, 252
〈芭比的盛宴〉Babette's Feast － p.76
芭芭拉・金索夫 Barbara Kingsolver － p.116
芭芭拉・薩維多夫 Barbara Savedoff － p.73-74
近端感官－ p.13, 142
金芬黛粉紅酒 White Zinfandel － p.48

◎9劃

保羅・博古斯 Paul Bocuse － p.183
《南方食譜》*Southern Recipes* － p.248
品味方舟 Ark of Taste － p.110, 111
〈品味的標準〉Of The Standard Of Taste － p.162
品醇客世界葡萄酒大賞 Decanter World Wine Award － p.51
哈維・家樂 Harvey Kellogg － p.198, 247
城市詞典 Urban Dictionary － p.185
客體中心模型 object-centred model － p.145, 146
客觀主義－ p.29, 31, 169, 250

柏拉圖 Plato － p.11, 12, 57, 79, 141, 170, 182, 206, 207, 208, 211, 220-222
查爾斯・狄更斯 Charles Dickens － p.36
毒油症候群 toxic oil syndrome － p.153
洛克福乳酪 Roquefort － p.111, 122, 127
派屈克・史都華 Patrick Stewart － p. 179, 207
珍・奧斯汀 Jane Austen － p.35
相對主義－ p.21, 22, 250
省區主義 provincialism － p.129
約西亞・羅伊斯 Josiah Royce － p.129
約翰・史都華・彌爾 John Stuart Mill － p.64-66, 68, 237
約翰・杜威 John Dewey － p.251, 252
約翰・奧格比 John Ogilby － p.27
約翰・衛斯理 John Wesley － p.197, 198
約翰・彌爾頓 John Milton － p.27
《美食情色圖片日報：烹飪書》*Food Porn Daily: The Cookbook* － p.185
《美學》*Aesthetica* － p.25
胃情色圖片 gastro-porn － p.183, 184
風土－ p.116, 121-131, 151

◎10劃

倫理學－ p.36, 62, 237-240
埃瓦格里烏斯・龐帝古斯 Evagrius Ponticus － p.197
套疊旅行者 nested traveler － p.130
《娛樂生活》*Entertaining* － p.241, 242
《捍衛食物》*In Defense of Food* － p.135
格雷戈里・彼得森 Gregory Peterson － p.116-118
《格雷的五十道陰影》*Fifty Shades of Grey* － p. 178, 179
泰斯塔西奧山 Testaccio － p.151
泰德・格拉契 Ted Gracyk － p.42, 43, 45

消費主義－ p.106, 107, 133
特級初榨橄欖油 Extra virgin olive oil － p.140, 150, 152-155, 172, 247
純藝術－ p.45, 181
馬丁・路德 Martin Luther － p.77
馬丁諾・達・柯莫 Martino da Como － p.245
馬西莫・蒙塔納里 Massimo Montanari － p.39, 218
馬克・霍克海默 Max Horkheimer － p.15
馬蒂奧・拉瓦西奧 Matteo Ravasio － p.147

◎11劃

勒內・笛卡兒 René Descartes － p.11, 141, 165,166, 250
啟蒙運動－ p.34, 35, 238
《國家》*The Nation* － p.183
國際乳製品協會 International Dairy Foods Association, IDFA － p.82
基督教－ p.59, 75, 197
《基礎醫學》*Primitive Physic* － p.｜197
康乃爾食品與品牌實驗室 Cornell Food and Brand Lab － p.203
強・羅布森 Jon Robson － p.168-171
情感主義 sentimentalism － p.35, 36
《烹飪》*Cooked* － p.136
《烹飪書的歷史》*History of Cookbooks* － p.245
理性主義－ p.11, 35, 36, 226
《甜點優先》*Dessert First* － p.234
畢卡索 Picasso － p.201
畢達哥拉斯 Pythagoras － p.247
莫內爾化學感官中心 Monell Chemical Senses Center － p.150
《頂尖主廚大對決》*Top Chef* － p.213, 214
麥可・歐克秀 Michael Oakeshott － p.224-226

麥當勞－ p.100, 101, 103, 108, 127, 129, 171, 209

◎12劃

傑瑞米・邊沁 Jeremy Bentham － p.61-64
凱文・梅奇奧尼 Kevin Melchionne － p.91
喬治・柏克萊 George Berkeley － p.11, 226
喬治・黑格爾 Georg Hegel － p.142, 143
《富比士》*Forbes* － p.204
提奧多・阿多諾 Theodor Adorno － p.15
智識愉悅－ p.64-66, 68, 69, 72-74, 119, 176
湯姆・穆勒 Tom Mueller － p.154
湯瑪斯・金凱德 Thomas Kinkade － p.27, 43-45
絕對主義－ p.21, 36
菲利普・梅蘭希通 Philip Melanchthon － p.77
視淫 scopophilia － p.187
視覺－ p.10, 12-15, 20, 26, 30, 65, 70, 71, 75, 96, 140, 141, 142, 144, 146-148, 157, 158, 165-167, 173-175, 180, 181, 185, 187, 190, 196, 202, 207, 210, 215
飲食主義者 foodist － p.52

◎13劃

嗅覺－ p.12-15, 20, 49, 61, 65, 71, 141, 142, 144, 148, 160, 175, 202
奧莉薇亞・派特 Olivia Petter － p.214, 215
愛德華・布洛 Edward Bullough － p.202
溫德爾・貝瑞 Wendell Berry － p.132-134, 254
瑞克・布拉格 Rick Bragg － p.228
瑞秋・克里維斯 Rachel Cleves － p.197
瑞秋・勞丹 Rachel Laudan － p.136
經驗主義－ p.11
聖奧古斯丁 St Augustine － p.59-61
《聖經・創世記》 － p.75
葡萄酒－ p.16, 21, 22-24, 27, 28, 33, 40, 47-51, 91,

103, 108, 110, 121, 122, 126, 140, 150, 154, 158, 159, 166, 170, 256
資本主義－ p.100, 107
路德維希・費爾巴哈 Ludwig Feuerbach － p.9
路德維希・維根斯坦 Ludwig J. J. Wittgenstein － p.167
道德情感論 moral sentiment theory － p.34
雷瑟・霍斯楚 Lasse Hallstrom － p.95

◎14劃

厭食－ p.80, 192
《對話錄》－ p.220, 221
漢斯・梅斯 Hans Maes － p.203
瑪格麗特・布拉格 Margaret Bragg － p.228, 229, 242, 252
瑪莎・史都華 Martha Stewart － p.185, 234, 241, 242
蓋布里・亞塞爾 Gabriel Axel － p.77
蓋瑞・波尚 Gary Beauchamp － p.150
豪爾赫・路易斯・波赫士 Jorge Luis Borges － p.208
赫拉克利特 Heraclitus － p.141
赫曼・梅爾維爾 Herman Melville － p.36
遠端感官－ p.12

◎15劃

《廚藝之樂》*Joy of Cooking* － p.243, 244
《暮光之城》*Twilight* － p.27
《論正當娛樂和健康》*De honesta voluptate et valetudine* － p.245
魯道夫・貝爾 Rudolph Bell － p.80

◎16劃

橄欖油－ p.102, 110, 140, 148, 150-156, 157, 159,

170, 172, 173, 174, 247, 256
《濃情巧克力》*Chocolat* — p.93
鮑比・迪恩 Bobby Deen — p.249

◎17劃

《擬仿物與擬像》*imulacra and Simulation* — p.208, 212
糟糕藝術博物館 Museum of Bad Art, MOBA — p.41, 43
《艱難時世》*Hard Times* — p.36

◎18劃以上

《雜食者的兩難》*The Omnivore's Dilemma* — p.116
《雞的五十道陰影》*Fifty Shades of Chicken* — p.178, 196
羅伯特・索羅門 Robert Solomon — p.35, 41
羅莎琳・考沃德 Rosalind Coward — p.184, 193-196
羅傑・史克魯頓 Roger Scruton — p.21, 72, 73, 89
關懷倫理學家 — p.36
麗莎・海克 Lisa Heldke — p.129, 130, 250-252
寶拉・迪恩 Paula Deen — p.249
蘇格拉底 Socrates — p.57, 58, 65, 220, 221
觸覺 — p.12-15, 19, 20, 61, 65, 71, 75, 84, 172, 148, 160, 175, 202
聽覺 — p.12-14, 20, 26, 30, 25, 71, 141, 142, 175, 185, 202
饕客 foodie — p.52, 79, 138
蘿拉・穆爾維 Laura Mulvey — p.187, 188

【圖片出處】

p.24, 95, 223, 235, 257 — illustAC

p.42,45, 97, 171, 191, 227 — Designed by Freepik

p.32, 83, 156, 161, 172, 199 — Freepik.com

p.101, 131 — Designed by pikisuperstar / Freepik

p.176, 215 — Designed by macrovector / Freepik

p.205 — Designed by Planolla / Freepik

飲食的哲學——餐桌上的感官認知體驗

作　　者——莎拉・E・沃斯
（Sarah E. Worth）
編　　譯——洪禎璐

發 行 人——蘇拾平
總 編 輯——蘇拾平
編 輯 部——王曉瑩
行 銷 部——陳詩婷、曾志傑、蔡佳妘
業 務 部——王綬晨、邱紹溢、劉文雅

出 版 社——本事出版
台北市松山區復興北路333號11樓之4
電話：(02) 2718-2001　傳眞：(02)2718-1258
E-mail：andbooks@andbooks.com.tw
發　　行——大雁文化事業股份有限公司
地址：台北市松山區復興北路333號11樓之4
電話：(02)2718-2001
傳眞：(02)2718-1258
美術設計——COPY
內頁排版——陳瑜安工作室
印　　刷——上晴彩色印刷製版有限公司
2023 年 02月初版
定價　450元

Taste: A Philosophy of Food
by Sarah E. Worth was first published by Reaktion Books, London,
UK, 2021.
ISBN 978-626-7074-31-2
ISBN 978-626-7074-32-9（EPUB）

缺頁或破損請寄回更換
歡迎光臨大雁出版基地官網 www.andbooks.com.tw 訂閱電子報並填寫回函卡

國家圖書館出版品預行編目資料
飲食的哲學——餐桌上的感官認知體驗
莎拉・E・沃斯（Sarah E. Worth）／著　洪禎璐／編譯
---.初版.一 臺北市 ； 本事出版　：大雁文化發行，2023 年 02 月
面　；　公分.－
譯自：Taste : A philosophy of food
ISBN 978-626-7074-31-2（平裝）
1. CST: 飲食　2. CST: 文集
427.07　　111019400

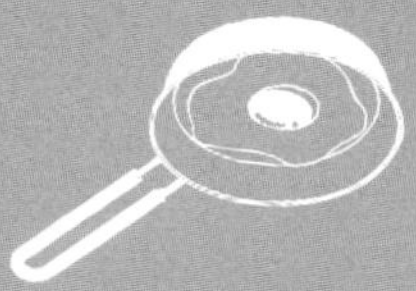

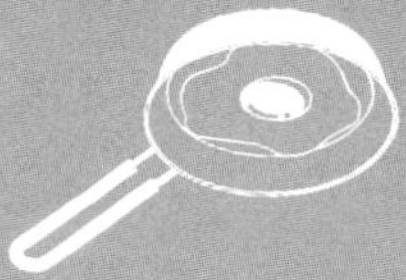

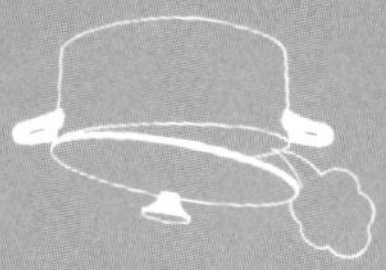